JN093450

販促・PR・ファン獲得も！

ティックトック

TikTok 完全マニュアル

桑名由美 著

秀和システム

■**本書の編集にあたり、下記のソフトウェアを使用しました**
・Windows 11
・iOS 16.6
・Android 13

上記以外のバージョンやエディション、OSをお使いの場合、画面のバーやボタンなどのイメージが本書の画面イメージと異なることがあります。

■**注意**
(1) 本書は著者が独自に調査した結果を出版したものです。
(2) 本書は内容について万全を期して作成いたしましたが、万一、ご不備な点や誤り、記載漏れなどお気付きの点がありましたら、出版元まで書面にてご連絡ください。
(3) 本書の内容に関して運用した結果の影響については、上記(2)項にかかわらず責任を負いかねます。あらかじめご了承ください。
(4) 本書の全部、または一部について、出版元から文書による許諾を得ずに複製することは禁じられています。
(5) 本書で掲載されているサンプル画面は、手順解説することを主目的としたものです。よって、サンプル画面の内容は、編集部で作成したものであり、全て架空のものでありフィクションです。よって、実在する団体・個人および名称とはなんら関係がありません。
(6) 商標
QRコードは株式会社デンソーウェーブの登録商標です。
本書で掲載されているCPU、ソフト名、サービス名は一般に各メーカーの商標または登録商標です。
なお、本文中では™および®マークは明記していません。
書籍中では通称またはその他の名称で表記していることがあります。ご了承ください。

本書の使い方

このSECTIONの機能について「こんな時に役
立つ」といった活用のヒントや、知っておくと
操作しやすくなるポイントを紹介しています。

このSECTIONの目的です。

このSECTIONでポイントになる
機能や操作などの用語です。

Keyword：エフェクト

エフェクトを使って撮影する

美顔エフェクトやARエフェクトが人気

TikTokでは、さまざまな効果を付けて撮影することができます。TikTokが用意している
エフェクトだけでなく、クリエイターが作成したエフェクトもあり、おもしろい動画を
簡単に撮影できます。きれいな顔にする美顔エフェクトや、ARやAIを使ったエフェクト
がよく使われています。

美顔エフェクトを使う

1 撮影する前に「エフェクト」をタッ
プ。

1 タップ

2 「人気上昇中」にあるのが人気のエ
フェクト。

1 タップ

> 💡 **Hint**
> **気に入ったエフェクトを登録する**
> 　手順2で、中央左にある 📌 をタップすると
> エフェクトを登録できます。登録したエフェク
> トは「人気上昇中」の左にある 📌 をタップし
> た一覧から選べるようになっています。

> 📓 **Note**
> **エフェクトとは**
> 　動画にキラキラやズームなどの変化を付けられるがエフェクトです。TikTokでは、撮影前または撮影
> 後にエフェクトを設定できます。撮影後のエフェクトについては次のSECTIONで説明します。

98

用語の意味やサービス内容の説明をしたり、操作
時の注意などを説明しています。

**操作の方法を、ステップ
バイステップで図解して
います。**

❗ **Check**：操作する際に知っておきたいことや注意点などを補足
　　　　　　しています。

💡 **Hint**： より活用するための方法や、知っておくと便利な使い
　　　　　　方を解説しています。

📓 **Note**： 用語説明など、より理解を深めるための説明です。

3

はじめに

　TikTok（ティックトック）は、短時間の動画を視聴または投稿しながら、他のユーザーとの交流を楽しめるSNSです。はじめてTikTok動画を見た人の中には、もしかしたら一瞬で飽きてしまう人もいるかもしれません。ですが、少し時間をかけて視聴してみてください。そうすれば、興味深い動画が表示されてきます。そしてじっくり見ていると、視聴者を楽しませようとする投稿者の熱意が伝わってきます。

　また、TikTokで生まれたトレンドが他のSNSに広まるケースが多々あり、TikTokユーザーが流行にとても敏感で、洞察力がある人達だということに気づくと思います。別の視点から考えれば、TikTokを活用してご自身の特技を披露することで、注目を浴びるチャンスにつながるということです。企業やお店の場合は、動画を投稿することで集客効果を期待できます。

　このように、はじめは単純なショート動画に見えるかもしれませんが、実際には魅力やメリットをたくさん持っているのがTikTokです。

　本書は、TikTokの使い方を一冊にまとめた解説書です。TikTok動画を視聴する方法から投稿、編集について解説しています。2023年8月から投稿動画の収益化が始まったので、収益方法についても触れました。さらに、安心して使うための設定や使いやすくするための設定についても解説しています。

　TikTokの一連の操作方法を掲載した、これまでになかった本を完成させました。本書を通じて、TikTokの楽しさを知っていただき、皆さまの夢を実現するお手伝いができれば幸いです。

2023年10月

桑名由美

より動画のクオリティを上げるために、編集機能を活用しよう。動画を分割/結合したり、音声や字幕も入れられる。

TikTokには、いろいろな収益化の方法がある。LIVE視聴者からギフトを贈られたり、サブスクリプションでの配信や、動画の宣伝などができる。

動画の視聴だけでなく、投稿もしてみよう。撮影もTikTokアプリでできる。ハッシュタグやストーリーなど、他のSNSと同じこともできる。

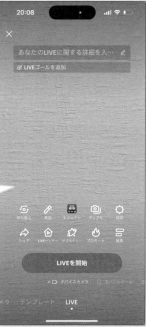

他のユーザーとリアルタイムでやり取りができるLIVE配信機能もある。一定のフォロワー数になると配信可能になる。

目 次

Chapter

01

TikTokでできることや
サービスの内容
について知ろう

TikTokは、短時間の動画を視聴したり、投稿したりして楽しめるSNSです。以前はZ世代と呼ばれる若者中心のSNSでしたが、最近では幅広い世代の人が利用しています。このChapterでは、TikTokをよく知らないという人のために「どのようなSNSなのか」「何ができるのか」などを説明します。

01-01

そもそもTikTokってどんなSNS？

Z世代の支持で広まった、短尺動画のSNS

テレビCMや情報番組で、一度はTikTokを見かけたことがあるでしょう。動画関係ということはわかると思いますが、具体的に何をするアプリなのかを説明するのは難しいと思います。まずは、TikTokの概要について知っておきましょう。

TikTokとは

　「TikTok（ティックトック）」は、中国のByteDance（バイトダンス）という企業が開発したSNSで、15秒から10分で構成されたショート動画を楽しめるサービスです。日本では2017年10月にサービスが開始され、10代から20代の若者たちの間で爆発的に人気が出ました。最近では中高年層の利用者も増加している状況です。個人利用者のみならず、企業も参入し、広告宣伝の手段としても積極的に活用されています。

　特徴は、独自のアルゴリズムによって、ユーザーの興味に合わせた動画を表示させるという点です。ユーザーが過去に視聴した動画や「いいね」を付けた動画などに基づいて、メイン画面におすすめ動画が表示されるので、常に興味のある動画を視聴できるようになっています。また、豊富な音楽やエフェクト（視覚効果）を使ってクリエイティブに動画を編集できる機能が備わっています。

▲メイン画面におすすめの動画が表示される

▲エフェクトを使って簡単に見栄えの良い動画を作成できる

TikTok を利用できる条件

　基本的には誰でも使えますが、アカウントの作成は13歳以上でないとできません。13～15歳が投稿した動画はデフォルトで非公開になり、承認したユーザーのみが視聴やフォローができるようになっています。また、おすすめには表示されないようになっています。なお、保護者が管理するアカウントに13歳未満が出演することは可能です。

　TikTok を利用するにあたって、利用規約 (https://www.tiktok.com/legal/page/row/terms-of-service/ja-JP) のページがあるので、事前に読んでおきましょう。「プロフィール」画面右上の ☰ →「設定とプライバシー」→「規約とポリシー」→「利用規約」からも表示できます。

TIKTOKサービス規約

最終更新日：2020年2月

総則 –全ユーザ対象

- 1.当社との関係
- 2.規約の受諾
- 3.規約の変更
- 4.お客様の当社のアカウント
- 5.お客様による本サービスのご利用
- 6.知的財産権
- 7.コンテンツ
- 8.補償

▲ TikTok 利用規約
https://www.tiktok.com/legal/page/row/terms-of-service/ja

どんな動画がある？

　TikTok には、日本のみならず海外のユーザーの動画を含めて、さまざまなジャンルの動画があります。歌、ダンス、コメディ、料理、美容、ペット、景色…一般人だけでなく、テレビに出ているタレントの動画もあります。

TikTok を利用する際の注意点

　TikTok の利用者には、未成年もたくさんいます。コミュニティガイドラインにも、「未成年者の安全はTikTokの優先事項です。」とあるので、投稿やコメントの際、悪影響を与えないように気を付けてください。利用規約と一緒にコミュニティガイドライン (https://www.tiktok.com/community-guidelines/ja-jp/) も一読しておきましょう。「プロフィール」画面右上の ☰ →「設定とプライバシー」→「規約とポリシー」→「コミュニティガイドライン」でも表示できます。

コミュニティガイドライン

- はじめに
- コミュニティ原則
- 未成年者の安全とウェルビーイング
- 安全性と礼節
- 精神的健康と行動の健康
- 慎重に扱うべきテーマと成人向けテーマ

▲コミュニティガイドライン
https://www.tiktok.com/community-guidelines/ja-jp/

01-02

TikTokで何ができる？

動画の視聴と投稿だけでなく LIVE 配信もある

ここでは、TikTokでできることを説明します。TikTokの動画は、流行の音楽が流れて、テンポも良いので、見ているだけでも楽しめます。ですが、本当の楽しさは、投稿をしてフォロワーが増えてきてからです。

動画の視聴

好みに合ったさまざまな動画を視聴できます。スワイプしながら次から次へと視聴でき、ショート動画なのでスキマ時間に楽しめます。アカウントがなくても視聴できますが、他のユーザーの動画にコメントを付けたり、フォローしたりするにはアカウントが必要です。

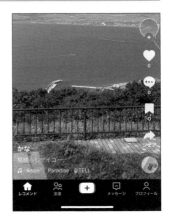

動画の投稿

誰でも動画の投稿ができます。その場で撮影して投稿することも、過去に撮影した動画を投稿することも可能です。動画を加工する機能もあるので、インパクトのある動画を簡単に作成できます。写真をスライドショーのように加工して投稿してもかまいません。

> 📝 **Note**
>
> **クリエイターとは**
> TikTokでは、動画を制作して投稿する人をクリエイターと呼んでいます。

LIVE配信

　動画を撮影して投稿するだけでなく、テレビの生放送のようなLIVE配信の機能もあります。テレビの生放送は、視聴者は見ているだけですが、TikTokのLIVE配信は、クリエイターが直接視聴者に話しかけることができます。なお、視聴者の顔は映りませんので安心してください。

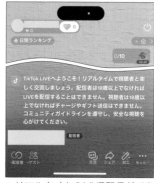

▲リアルタイムのLIVE配信ができる

ユーザーとの交流

　動画を見ているだけではもったいないです。コメントを付けて、他のユーザーとの交流も楽しみましょう。また、他のユーザーの動画を並べて投稿できる「デュエット」やLIVEで同時配信できるコラボ配信などもあります。

▲コメント欄でユーザーと交流ができる

収益

　LIVE配信や投稿動画で、他のユーザーからギフトというバーチャルアイテムを受け取ることが可能です。受け取ったギフトは、ダイヤモンドとして貯めることができ、ダイヤモンドを換金することで、収益になります。人気のクリエイターになると、多数のギフトをもらえるのでますます収益が増える仕組みです。また、2023年8月から動画の再生回数によってお金が入る、動画の収益化も始まりました。TikTokから招待が来た後、審査を通過することが必要ですが、YouTubeと同じように大きな利益を生み出せるので注目されています。

▲LIVE配信のギフト

TikTokの利用に必要なもの

TikTokのアプリだけで楽しめる

TikTokの視聴と投稿は、TikTokアプリだけで楽しめます。もちろん無料です。もし、スマホの画面が小さくて見づらいのなら、パソコンやテレビの大画面で視聴することもできます。

TikTokアプリ

　スマホにTikTokアプリをインストールして利用します。iPhoneの場合は、App Storeから、AndroidスマホのばあいはPlayストアから無料でダウンロードすることが可能です。なお、投稿する際に役立つアイテムは、SECTION03-02で紹介します。

▲ TikTokアプリがあればOK

▲ 無料でダウンロードできる

視聴のみの場合

TikTok Liteという視聴用のアプリもあります。動画を視聴することでポイントを収集し、電子マネーやギフトカードなどに交換ができるアプリです。アカウントを複数持っている場合、視聴用のアカウントとしてTikTok Liteアプリを使うという手もあります。

パソコンで利用する場合

TikTokは、スマホで使うものと思っている人もいると思いますが、実はパソコンでも使えます。普段ホームページを閲覧するときに使用しているブラウザで視聴することが可能です。詳しくは、Chapter06で解説します。

▲パソコンの場合はブラウザで楽しめる

テレビで視聴する場合

インターネットのブラウザが使えるテレビなら、TikTokにアクセスして視聴できます。また、専用のTikTok TVアプリがあります。ただし、現時点で日本においては、Google TV、Android TV OSデバイス、Amazon Fire TVのみで利用可能です。また、LIVE配信は見られません。

▲TikTokニュースルームより

TikTokの活用例

個人だけでなく、企業や自治体にも幅広く活用されている

TikTokを趣味として楽しむだけでもかまいませんが、夢をかなえるために利用している人達もいます。商用利用も可能なので、企業や個人事業主が宣伝目的で利用するケースも多いです。アイデア次第でいろいろできますが、ここでは一例を紹介します。

セルフプロデュース

「歌手になりたい」「ダンサーになりたい」「起業したい」という人は、TikTokを使わない手はありません。才能がある場合、TikTok事務所や芸能事務所にスカウトされることもあります。また、フォロワーがお客様となり、ビジネスにつながることも多いです。実際に、TikTokから有名になって、テレビに出演したり、起業したりしている人もいます。目標を持って続ければ、夢をかなえられるかもしれません。

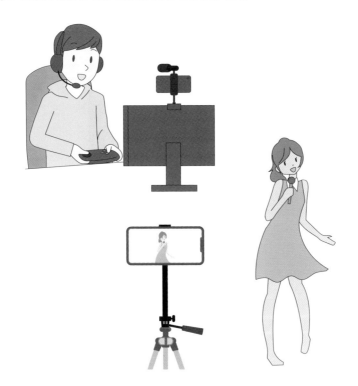

自社の製品やサービスの宣伝

TikTokでは商用利用が可能なので、自社の商品やサービスの宣伝動画を投稿することも可能です。その際、ビジネスアカウントにすれば、フォロワーが1,000人未満であっても外部リンクを設定できるので、自社サイトや販売サイトへの誘導が可能になります。

プロフィールにリンクを
設定して誘導している

▲ローソン　@akiko_lawson　　▲リクシル公式　@lixil_official

企業案件

自社が投稿して宣伝するだけでなく、人気のクリエイターに案件として依頼するケースもあります。フォロワーが多いクリエイターが商品やサービスを紹介したときの効果は絶大で、企業にとってもクリエイターにとっても収益につながります。

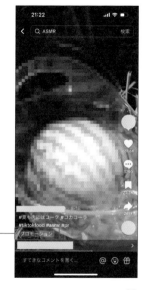

プロモーション

自治体の観光PR

　一部の自治体もTikTokを活用しています。ショート動画でPRをすれば、観光客を呼び寄せることが可能です。たとえば、広島県の公式アカウントでは、観光PRの他、県民へのお知らせ、県知事からのメッセージなど、さまざまな動画を投稿しています。

　また、茨城県では、県が運営するインターネットテレビ「いばキラTV」のTikTokアカウントで観光PRを発信したり、TikTok Japanと連携して地域の魅力を発信したりなど、積極的にTikTokを活用しています。

▲【公式】広島県
@hiroshima_pref

▲いばキラTV公式アカウント
@ibakiratv

広告出稿

　TikTokに広告を出稿することも可能です。一般ユーザーの動画と動画の間にさりげなく広告が入るので、他のSNSの広告より敬遠されにくい傾向があります。広告もユーザーの興味に合わせて表示されるため、高い訴求力を期待できます。

TikTokの動画を
視聴しよう

TikTokの動画は、スマホにアプリをインストールするだけで
誰でも楽しむことができます。アカウントを作らずに視聴する
ことも可能ですが、お気に入りの投稿者の動画を登録したり、
コメントをしたりするにはアカウントが必要です。このChapt
erで、TikTok動画の視聴方法を覚えましょう。

02-01

スマホにTikTokアプリを
インストールする

アプリをインストールするだけですぐに視聴できる

まずは、スマホにTikTokアプリをインストールしましょう。もちろん無料でインストールすることが可能です。ここでは、iPhoneの画面で解説しますが、Androidの場合も同様にできます。

iPhoneにTikTokアプリをインストールする

1 「App Store」（Androidの場合は Playストア）をタップ。

2 「検索」をタップ。続いて「tiktok」と入力して検索し、「入手」をタップ。

3 「インストール」をタップ。

4 「TikTok」のアイコンをタップ。

5 「同意して続ける」をタップ。

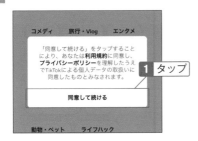

6 新着動画やコメントがあったときに通知してほしい場合は「許可」、しない場合は「許可しない」をタップ。

7 好きなカテゴリーを選択できるが、ここでは「スキップ」をタップ。

8 「動画を見る」をタップ。

02-02

TikTokにログインする

ログインして他のユーザーとの交流も楽しもう

動画を見るだけならログイン不要ですが、コメントを付けたり投稿したりする場合は、アカウントを取得してログインする必要があります。気に入ったユーザーや動画を登録したい時にもアカウントが必要なのでここで登録しておきましょう。

ログインする

1 「プロフィール」をタップ。

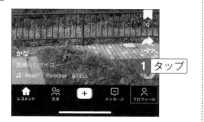

2 「電話番号またはメールで登録」をタップ。

⚠ Check

他のSNSのアカウントを使って登録するには

手順2の画面にあるSNSのボタンをタップして、LINEやTwitterなどのアカウントでログインすることも可能です。

3 携帯電話番号を入力し、「コードを送信」をタップ。

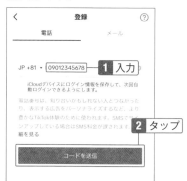

4 メッセージアプリに送られてきた番号を入力。

⚠ Check

コードの送信

本人であることを確認するために、携帯の電話番号を入力します。携帯のメッセージアプリに番号が送られてくるので、TikTokの画面に入力してください。

5 「%」や「！」などの特殊文字を加えたパスワードを入力して、「次へ」をタップ。

パスワード設定

　8〜20字で、文字と数字が1字ずつ入るように入力します。「次へ」をタップします。

6 生年月日をドラッグして選択し、「次へ」をタップ。

7 ニックネームを入力し、「確認」をタップ。

8 「許可しない」をタップ。

💡 Hint

ログアウトするには

　ログインしたままでかまいませんが、もしログアウトする場合は、下部の「プロフィール」をタップし、右上の ≡ をタップします。「設定とプライバシー」をタップし、最下部にある「ログアウト」をタップします。

プロフィールを設定する

フォロワーを増やすには大事な設定。名前の変更も可能

他のユーザーに自分のことを知ってもらうために、プロフィール画像を設定します。また、自分を知ってもらうために自己紹介も入力しましょう。名前やユーザー名の変更も可能です。

プロフィール画像や名前を設定する

1 「プロフィール」をタップし、「プロフィールを編集」をタップ。

2 「写真を変更」をタップし、「写真をアップロード」（Androidの場合は「アルバムから選ぶ」）をタップ。写真へのアクセスは許可する。

3 写真をタップ。

1 タップ

4 ピンチアウトやドラッグして必要な部分のみにする。その後「保存して投稿」をタップ。

1 ピンチアウト

2 ドラッグ

この写真をストーリーズに投稿する　プレビュー >

キャンセル　保存して投稿

3 タップ

> ⚠ Check
>
> **プロフィール写真をストーリーズに投稿する**
>
> 手順4の「この写真をストーリーズに投稿」にチェックがついていると、SECTION03-14で解説するストーリーに載せることができます。「プレビュー」をタップし、音楽やエフェクトなどを追加して編集することも可能です。

5 「自己紹介を追加」をタップ。

1 タップ

6 自己紹介を入力し、「保存」をタップ。

1 入力

2 タップ

7 プロフィールを設定した。「<」(Androidの場合は「←」)をタップして戻る。

1 タップ

> ⚠ Check
>
> **ユーザー名や名前の変更**
>
> 手順5で「名前」や「ユーザー名」をタップして変更することができます。ただし、「名前」の変更は7日に1回まで、「ユーザー名」の変更は30日に1回です。何度も変えられないので注意してください。

31

02-04

TikTokの画面構成

シンプルな画面だが、一度確認しておくと使いやすくなる

TikTokには複雑な機能がないので、最初の画面構成を覚えればすぐに使えるようになります。最も使うのは画面下部に並んでいるボタンなので確認しておきましょう。ここでは、iPhoneの画面で解説しますが、Androidの画面もほぼ同じです。

TikTokのレコメンド画面

❶ LIVE配信を視聴できる

❷ フォローしている人の動画が表示される

❸ おすすめ動画が表示される

❹ ユーザー名やハッシュタグで動画を検索できる

❺ 投稿者のプロフィール画面を表示する

❻ いいねを付ける

❼ コメントを付ける

❽ 動画をセーブ（登録）する

❾ 他のアプリに送って他の人と共有する。再投稿やダウンロードも可

❿ 同じ曲を使った動画の一覧が表示される

⓫ 投稿者名

⓬ 動画の説明

⓭ 楽曲名

⓮ フォロー中とおすすめの動画を表示する

⓯ 友達の投稿が表示される

⓰ 動画を投稿するときにタップする

⓱ いいねやコメントが付いたときにここに通知される

⓲ 自分のプロフィール画面を表示する。また設定画面もここから表示する

友達

連絡先やFacebookの友達の動画が表示される。

❶友達を追加できる
❷検索できる

メッセージ

他のユーザーやTikTokからメッセージが送られてくるとここに表示される。

❶チャットを開始する
❷検索する

プロフィール

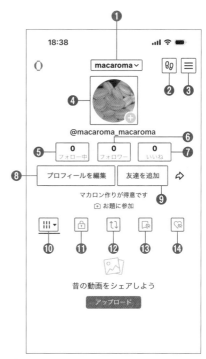

❶アカウントを切り替える
❷プロフィールを見た人が表示される
❸設定画面やQRコードを表示する
❹自分のアイコン。タップするとプロフィールをシェアできる
❺フォローしている人の数
❻フォローされている人の数
❼いいねが付けられた数
❽プロフィールを編集するときにタップする
❾友達を追加するときにタップする
❿投稿した動画が表示される
⓫非公開の動画が表示される
⓬再投稿した動画があると表示される
⓭セーブ済みの動画が表示される
⓮いいねを付けた動画が表示される

02-05

動画を視聴する

スワイプで次から次へと動画を再生して楽しめる

TikTokは、アプリを開くとすぐに動画が再生されます。興味のある動画が、おすすめとして流れてくるので、動画を検索する必要がありません。しかも、短時間なのでスキマ時間に楽しめます。

おすすめ動画を視聴する

1 TikTokアプリを開くと、動画が流れる。

2 タップすると停止する。上方向へスワイプ。

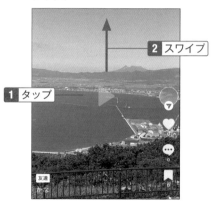

3 次の動画が表示される。

⚠ Check

音量を調節するには

音量を調節する場合は、スマホ本体の音量ボタンを使います。特定の動画のみ音が大きい場合は、「プロフィール」画面右上の ☰ をタップし、「設定とプライバシー」→「プレイバック」→「自動音量調節」がオンになっていることを確認してください。

フォローしている人の動画を見る

1 「フォロー中」をタップ。

2 フォローしている人の動画が再生される。

02

TikTokの動画を視聴しよう

⚠ Check

「フォロー中」と「おすすめ」の切り替え方

画面上を右または左にスワイプして、「フォロー中」と「おすすめ」を切り替えることもできます。SECTION02-10でフォローするやり方を説明しますが、フォローしたユーザーの動画を見るときには、「フォロー中」をタップします。

💡 Hint

TikTokを開いてすぐに音楽が流れるのが困る

TikTokを開くと動画と一緒に音楽が流れます。音楽無しにしたい場合は、「プロフィール」画面右上の ≡ をタップし、「設定とプライバシー」→「プレイバック」→「ミュートの状態でTikTokを開く」をオンにすると消音になります。音楽を流すときは、右下の 🔈 をタップします。

02-06

動画を検索する

見たいユーザーや音楽などの話を聞いたときに検索を使う

TikTokでは、興味がありそうな動画を「レコメンド」画面に表示してくれるので、その中から選んで視聴すればよいだけです。ですが、誰かから面白い動画の話を聞いたときや気になるキーワードの動画を見たい時には検索が必要です。

見たい動画を探す

1 「レコメンド」画面右上にある 🔍 を
タップ。

2 文字を入力して「検索」をタップ。

3 動画をタップ。

4 再生される。「＜」（Androidの場合
は「←」）をタップして戻る。

ユーザー名で探す

1 検索ボックスにユーザー名を入力し、「検索」をタップ。

2 「ユーザー」をタップし、候補が表示されたらタップ。

ハッシュタグで探す

1 検索ボックスにキーワードを入力して「検索」をタップし、「ハッシュタグ」をタップ。

2 一覧が表示されるのでタップすると視聴できる。

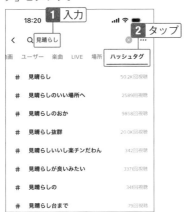

⚠ Check

楽曲や場所でも検索可能

手順1で「楽曲」や「場所」タブをタップして、動画で使われている楽曲、好みの場所や行きたい場所などの動画を検索できます。

🔍 Hint

ハッシュタグで同類の動画を視聴する

動画の説明欄にある「#」がついたハッシュタグをタップすると、そのハッシュタグが付いた動画の一覧が表示されるので、タップして視聴できます。

再生速度を変える

動きが速くてよく見えないときやゆっくり見たいときは速度を変更する

YouTubeと同様に、TikTokの動画も再生速度を変えられます。ほとんどが短時間の動画なので、倍速は使う機会は少ないですが、ゆっくり見たいときには0.5倍にして視聴するとよいでしょう。

ゆっくり再生する

1 動画の画面上を長押しし、「再生速度」をタップ。

1 長押し

2 タップ

2 「0.5x」をタップして再生する。

1 タップ

⚠ Check

再生速度

「0.5x」を選択することで、通常よりゆっくり再生されます。速く再生する場合は、「2x」の2倍速、「1.5x」の1.5倍速を選択してください。

02-08

いいねを付ける

スピード感のあるTikTokだからこそ、気兼ねなくいいねが付けられる

他のSNSと同様に、TikTokでも気に入った投稿には「いいね」を付けられます。間違えてタップしてしまった場合でも、簡単に取り消しが可能です。フォローをしていない人にも付けることができます。

02

TikTokの動画を視聴しよう

いいねを付ける

1 動画を表示し、ハートをタップ。あるいは画面上をダブルタップ。

2 「いいね」が付いた。再度いいねをタップすると解除される。

⚠ Check

いいねを付けた動画を確認するには

「プロフィール」をタップし、🔲をタップすると「いいね」した投稿を確認できます。なお、どの動画にいいねを付けたかを他のユーザーに見せるか否かは、「設定とプライバシー」→「プライバシー」の「いいね」した動画」で設定します。デフォルトでは「自分のみ」になっています。

02-09

コメントを付ける

コメントすることでユーザーとの交流が深まる

TikTokでは堅苦しいコメントは向いていないので、絵文字を入れるなど工夫しましょう。返信は必須ではないので、返信がなくても気にすることはありません。特にフォロワーが多いユーザーは返信しませんが、コメントは自由に付けられます。

コメントを送信する

1 「コメント」アイコンをタップ。

2 コメントを入力。😊をタップすると絵文字を入れられる。続いて「↑」をタップ。

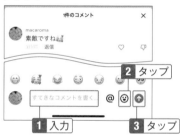

⚠ Check

コメントを削除するには

コメントを長押しし、「削除」をタップすると、コメントを削除することが可能です。

⚠ Check

積極的にコメントしよう

自分の動画をおすすめに載りやすくするためには、他ユーザーへのコメントが必要です。同じジャンルの動画には積極的にコメントしましょう。

過去に付けたコメントを確認する

1 「プロフィール」をタップ。

2 右上の☰をタップし、「設定とプラ イバシー」をタップ。

3 「アクティビティセンター」をタッ プ。

4 「コメント履歴」をタップすると、動 画が表示される。

> ⚠ **Check**
>
> ### コメント欄がない
>
> 　投稿者によっては、コメント欄を閉じている 場合があります。コメント欄がない場合はコメ ントできません。

フォローする

面白い動画、役立つ動画の投稿者は必見。フォローしてチェックしよう

面白い動画を載せている人、センスの良い動画を載せている人など、気に入った投稿者がいたらフォローして登録しましょう。そうすれば、新着動画を見逃すことがなくなります。フォローを返してくれる場合もあるので、仲良くなれるチャンスです。

フォローする

1 動画の右端にあるアイコンをタップ。

2 相手のプロフィール画面が表示されるので「フォロー」をタップ。

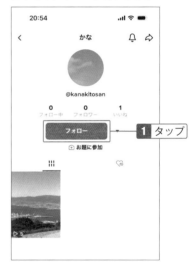

⚠ Check

動画上でフォローする

　動画を再生中に、アイコンの下にある「＋」をタップすると「チェック」に変わり、プロフィール画面に行かずにフォローすることができます。解除する際には、「チェック」をタップします。

3 フォローした。 🙎 をタップすると
フォローを解除できる。画面左上の
「<」をタップして戻る。

フォローした人を確認する

1 画面下部の「プロフィール」をタッ
プし、「フォロー中」をタップ。

2 フォローしている人の一覧が表示さ
れるのでタップ。

3 その人のプロフィール画面が表示さ
れる。

⚠️ **Check**

フォローするメリット

フォローをすることで、「フォロー中」を見
れば、お気に入りの人の動画を集中して視聴
できます。また、フォローすれば、フォロー返
しをしてくれる人もいるのでフォロワー数を
増やすことができます。

⚠️ **Check**

相互フォローした場合

相手がフォローを返してくれると友達とな
り、手順3のアイコンが 🙎 から 🙎 に変わりま
す。

02-11

気に入った動画を登録する

何度も見たい動画はセーブしてまとめておこう

面白い動画や興味深い動画は何度でも見たくなりますが、気に入った動画をセーブして登録しておけば、再度見たくなったときに探す必要がなくなります。ここでは、動画をセーブする方法と、セーブした動画を表示する方法を説明します。

動画をセーブする

1 登録したい動画を表示し、「セーブ」ボタンをタップ。

2 セーブした。「セーブ」ボタンが黄色くなる。再度タップすると解除される。

3 画面下部の「プロフィール」をタップ。「セーブ」タブに登録した動画があるので、タップして表示できる。

02-12

過去に見た動画を再視聴する

たまたま見た動画を再度見たいときには視聴履歴を確認しよう

おすすめに流れてきた動画をもう一度見たい時もありますが、フォローしていないと探すのが大変です。そのようなときは、視聴履歴から探してみましょう。

視聴履歴を表示する

1 「プロフィール」をタップ。続いて右上の☰をタップし、「設定とプライバシー」をタップ。

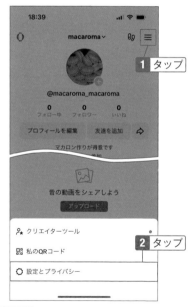

2 「アクティビティセンター」をタップ。

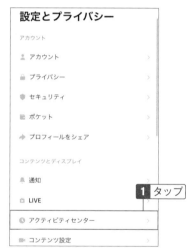

3 「視聴履歴」をタップすると過去に視聴した動画が表示される。

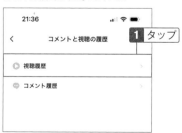

⚠ Check

視聴履歴

　TikTokでは過去180日間に視聴した動画のみが視聴履歴で確認できます。ただし、LIVEとストーリーズは含まれません。なお、履歴を削除する方法は、SECTION08-17で説明します。

02-13

QRコードを使って友達を追加する

検索しなくてもQRコードで追加可能。リアルの仲間とも一緒に楽しもう

Chapter03で動画の投稿方法を説明しますが、知り合いだけに見せたい場合は、相手を「友達」として登録する必要があります。QRコードを使って友達の追加ができ、自分が読み取る方法と相手に読み取ってもらう方法があります。

友達を追加する

1 「プロフィール」をタップし、☰をタップして「私のQRコード」をタップ。

2 ⬍をタップ。

3 相手のQRコードを読み取る。

QRコードを送信する

1 「プロフィール」をタップし、≡ をタップして「私のQRコード」をタップ。

2 「プロフィールをシェア」をタップし、メールアプリを選択する。一覧にない場合は「もっと見る」をタップ。

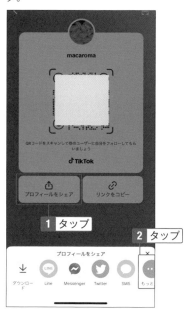

3 使用する「メール」をタップすると、メールアプリが起動するので、宛先を入力して送信する。

⚠ Check

LINE や X（旧 Twitter）などで送るには

手順2で「LINE」や「X（旧 Twitter）」をタップして、リンクを送ることができます。あるいは「ダウンロード」をタップして、QRコードを貼り付けることも可能です。

⚠ Check

送られてきた QR コードを読み取るには

メールで送られてきた QR コードを一旦保存します。スマホやメールアプリによって画像の保存方法が異なりますが、スクリーンショットでも可能です。iPhone の場合は、本体右側のボタンと本体左側にある音量を上げるボタンを同時に押します。Android の場合は、本体の電源ボタンと音量を下げるボタンを同時に押します。保存したら、読み取り画面右上にある「アルバム」をタップして QR コードの画像を選択します。

SECTION

02-14

動画をSNSでシェアする

おすすめの動画を見つけたらLINEやX(旧Twitter)で共有しよう

面白い動画を他の人にも見てもらいたいときにはシェアしましょう。表示している動画をアプリに送ることが可能です。相手がTikTokを利用していない場合でも見ることができます。

LINEでシェアする

1 共有したい動画の画面上を長押し。

2 LINEやX(旧Twitter)などを選択して送信する。

⚠ Check

シェアするときの注意

SNSにシェアすると、TikTokのアカウントがばれてしまうので、知られたくないアカウントの場合は気を付けてください。

02-15

興味のない動画を排除する

興味がないことを報告し、見たい動画だけを絞り込む

たまたま見た動画をきっかけに、興味のない動画がおすすめに表示され続ける場合があります。そのような場合は、興味がないことを報告しましょう。そうすることで、見たくない動画が表示されなくなります。

興味がないことを報告する

1 動画の画面上で長押しする。

1 長押し

2 「興味ありません」をタップ。

1 タップ

02-16

LIVEを視聴する

他のユーザーとリアルタイムのコミュニケーションを楽しめる

LIVEは、リアルタイムの配信です。ハートのいいねを送ったり、投げ銭のギフトを贈ったりできます。どの配信者も工夫しながら配信しているので、気に入った配信者がいたら応援してあげましょう。

LIVEを視聴する

1 「レコメンド」をタップし、左上の「LIVE」をタップ。

2

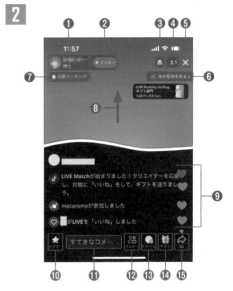

❶タップすると配信者情報が表示される

❷フォローできる

❸配信者へギフトを贈った1位と2位のユーザーのアイコンが表示される

❹タップすると視聴しているユーザーを確認できる

❺配信を閉じる

❻他の配信の一覧が表示されタップで視聴できる

❼ランキングが表示される

❽スワイプすると次の配信者が表示される

❾ユーザーのコメントが表示される

❿配信者のサブスクに登録する場合にタップする。サブスク対応アカウントのみ表示

⓫コメントを入力するときにタップする

⓬LIVEへの参加をリクエストできる。ゲストは音声または動画で参加可能。マルチゲスト対応アカウントのみ表示

⓭バラのギフトを贈る

⓮ギフトを贈るときにタップする

⓯他のユーザーに紹介したり、報告するときにタップする

3 画面をダブルタップするとハートが
送信される。

1 ダブルタップ

2 確認

4 他のLIVEを見るときは、上方向に
スワイプする。

1 スワイプ

5 コメントを入力し、「送信」をタップ
するとコメントを送信できる。

2 タップ

1 入力

02-17

LIVE配信者にギフトを贈る

お気に入りの配信者に投げ銭ができる

TikTokでは、LIVEで配信者にギフトを贈ることで投げ銭ができます。ギフトを買うためのコインが必要なので、コインのチャージ方法も説明します。また、宝箱でコインをもらうことも可能です。

ギフトを送信する

1 「ギフト」をタップ。

2 左下の「ギフト」または「限定」をタップし、贈りたいギフトをタップする。

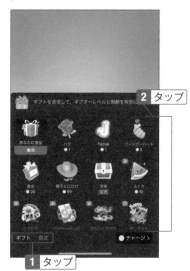

📓 Note

ギフトとは

　ギフトは、LIVEで配信者に贈るバーチャルアイテムのことです。さまざまなギフトがあり、種類によってコイン数が異なります。また、ギフトを贈ることで経験値を獲得できるシステムがあり、レベルが上がるとバッジのデザインが変わり、限定ギフトを送信できるようになります。コイン1枚につき経験値1枚で、LIVE中に送信されたギフトのみが対象です。

コインをチャージする

1 「ギフト」をタップ。

2 「チャージ」をタップ。

3 金額をタップして購入する。

⚠ Check

チャージする方法

「プロフィール」をタップし、≡ をタップして「設定とプライバシー」→「ポケット」をタップした画面からも購入できます。

宝箱のコインを受け取る

1 LIVE画面左上に宝箱があったらタップ。

📋 Note

宝箱とは

ギフトにある宝箱は、コインを入れて他のユーザーに無作為に配布できるアイテムです。ユーザーは、カウントダウン終了後に「開く」をタップしてコインを山分けできます。ただし、均等ではないのでコイン0枚の場合もあります。

2 時間が経つと「開く」ボタンが表示されるのでタップ。

02-18

ユーザーにダイレクトメッセージを送る

交流を深めたいときには直接メッセージを送ることもできる

TikTokでは、フォローしたときにダイレクトメッセージが届くことがよくあり、絵文字だけが送られてくることもあります。見知らぬ人の場合は、最初のうちは深入りせず、挨拶程度にしておくのがよいでしょう。

特定の人に直接メッセージを送る

1 相手のプロフィール画面の「メッセージ」をタップ。

2 メッセージ画面が表示される。

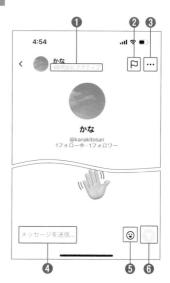

❶オンラインか否かがわかる（SECTION 08-11の「Hint」参照）

❷不快なメッセージが届いた場合はタップして通報できる

❸通知のオンオフ・ピン留め・ブロックができる

❹メッセージを入力する

❺顔文字やステッカーなどを送れる

❻タップすると送信できる

⚠ Check

ダイレクトメッセージを送信できない

お互いがフォローしていないとダイレクトメッセージを送信できません。フォローしてもらってから送信しましょう。

3 文字を入力し、「送信」をタップ。

1 入力

こんにちは|

2 タップ

4 ☺ をタップして絵文字やGIF画像も送信可能。

> **⚠ Check**
>
> **ステッカーを送信する**
>
> 　手順4で ☺ をタップし、動画ステッカーを送信できます。「ステッカーセット」タブをタップすると、好みのステッカーがあればセットで追加することが可能です。

メッセージに返信する

1 メッセージが届くと、下部の「メッセージ」に数字が付く。メッセージをタップ。

1 タップ

2 メッセージを長押しすると、ハートやいいねを付けられる。

2 タップ

こんにちは

1 長押し

02-19

グループチャットを使用する

複数人でのグループチャットも楽しめる

前のSECTIONでは、個別にメッセージを送信する方法を紹介しましたが、友達や会社の同僚と会話したい場合は、グループチャットを使用します。会話の途中で別のユーザーを招待することも可能です。

グループチャットを開始する

1 「メッセージ」をタップし、画面左上の⊕をタップ。

2 グループに入れたいユーザーをタップ。一覧にない場合は「友達を検索」をタップして検索する。その後「チャット」をタップ。

📝 Note

グループチャットとは

2人以上の人と同時にメッセージのやり取りができるのがグループチャットです。

3 グループチャットを作成した。

4 メッセージを送信できる

02

TikTokの動画を視聴しよう

グループに招待する

1 画面右上の … をタップ。

1 タップ

⚠ Check

グループチャットを退出・終了するには

手順2で「グループチャットから退出」を
タップすると、グループから退出できます。ま
た、管理者は「グループチャットを終了」を
タップすると、グループチャットが終了し、全
員が退出します。

2 「メンバーを追加」をタップして追加する。

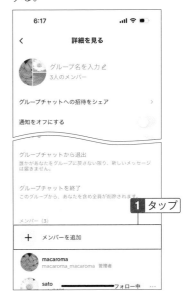

1 タップ

57

動画をダウンロードする

投稿者が許可していれば、動画のダウンロードが可能

気に入った動画は何度も見たくなるので、ダウンロードしましょう。そうすれば、ネットに接続していなくても、いつでも視聴できます。ただし、投稿者がダウンロード不可にしている場合もあります。

動画をダウンロードして保存する

1 動画の右下にある「シェア」をタップ。

1 タップ

2 「ダウンロードする」をタップ。

1 タップ

⚠ Check

TikTok動画のダウンロード

TikTokの動画はダウンロードして保存することができます。ただし、TikTokのロゴが入ります。また、著作権によって保護されている曲はカットされます。なお、投稿者がダウンロード不可の設定をしている動画はダウンロードできません。

動画を投稿しよう

動画の視聴に慣れてきたら、動画を撮影して投稿しましょう。動画の撮影から編集、投稿までをTikTokアプリででき、短時間の動画なので気軽に投稿できます。このChapterで投稿の基本操作を覚えてください。

03-01

TikTokに投稿できる動画

皆が安心して視聴できるように心がけよう

手軽に動画を視聴できるTikTokですが、投稿となるとTikTokの規約だけでなく、法律上の違反がないようにすることも気を付けなければいけません。また、未成年のユーザーが多いので、社会全体を考えて利用する必要があります。いま一度ガイドラインを読んでおきましょう。

投稿できない動画

　スマホで簡単に撮影および投稿ができるTikTokですが、だからと言ってどんな動画でも投稿してよいというわけではありません。著作権を侵害する動画は違法なので投稿禁止です。動画に入れる楽曲に関しても著作権があるので、勝手に入れないようにしましょう。TikTokは、JASRAC（日本音楽著作権協会）とパートナーシップを締結しているため、TikTokで用意している楽曲を利用するのなら問題ありません。

　また、TikTokのガイドラインには、「暴力行為と犯罪行為」「未成年者の搾取と虐待」「性的搾取と性別に基づく暴力」「人間搾取」「ハラスメント
やいじめ」などを許可しないと記載されています。「摂
食障害と身体イメージ」や「危険な行為とチャレンジ」
を助長することも許可していませんし、成人向けテーマ
に関しては慎重に扱うように記載されています。

　TikTokの利用者は、10代、20代の若者もたくさん
います。動画が与える影響を考えながら、安全性を意識
して投稿するようにしましょう。

> 10:29
>
> ♪ TikTok
>
> # コミュニティガイド
> # ライン
>
> ・ はじめに
>
> ・ コミュニティ原則
>
> ・ 未成年者の安全とウェルビーイング
>
> ・ 安全性と礼節
>
> ・ 精神的健康と行動の健康
>
> ・ 慎重に扱うべきテーマと成人向けテーマ
>
> ・ 誠実性と信頼性
>
> ・ 規制対象品と商業活動
>
> ・ プライバシーとセキュリティ
>
> tiktok.com

▲ TikTokガイドライン
https://www.tiktok.com/community-guidelines/ja-jp/overview/

商用に利用してもいいの？

　TikTokは商用利用が可能です。自社の商品やサービスのプロモーションができます。また、広告主として登録することもでき、ターゲットユーザーに対して広告を配信することが可能です。ただし、アルコールやたばこなど、一部の商品・サービスの助長は許可していないので、ガイドラインを確認のうえ利用してください。

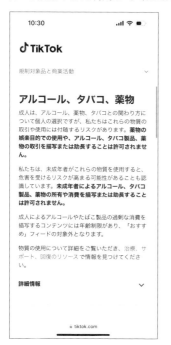

どんな動画を投稿すればいい？

　TikTokには、さまざまな動画が投稿されています。ダンス、歌、料理、メイク、景色、ペット…顔出ししてアピールしてもよいですし、顔出し無しでもかまいません。文字だけでも、無言でも大丈夫です。

▲顔出し無しでもOK

💡 **Hint**

ファンを増やすには

　まずは、どんな人達に向けての動画にするかを考えてみましょう。ターゲットを絞り、興味やニーズに合った内容を提供することで、ファンを増やせます。他のSNSでは、投稿を始めてしばらくは人が集まってきませんが、TikTokの場合は投稿を始めると多くのユーザーが見に来てくれます。開始直後はファンを集めるチャンスです。そして、おすすめに載ったときに立ち止まってもらえるように、最初の2秒にこだわりましょう。

　また、毎日更新することを優先するより、質の高い動画（1分以上）を投稿した方がおすすめに載りやすく、フォロワーを増やしやすいです。そのため、無理せずに投稿を続けられる題材を選びましょう。視聴回数に伸び悩んだときは、人気があるクリエイターの動画を参考にしながら、ストーリー性を持たせたり、視覚的に演出したりなどの工夫をしてください。

03-02

動画の撮影に必要なもの

基本的にはスマホがあればOK！三脚などの小物もあれば便利

動画の撮影というと、いろいろな機器が必要だと思っている人もいるかもしれませんが、TikTokの動画撮影はスマホだけで十分です。ただし、屋外での撮影やLIVE配信の場合はマイクや三脚などがあると便利です。

通常の投稿に必要なもの

　TikTokのユーザーのほとんどがスマホで撮影しています。常に持ち歩いているスマホなので、どこにいても撮影ができますし、最近のスマホなら高画質の動画を撮影できるので便利です。ただし、遠くの被写体を撮影する際には、スマホの望遠では限界があるため、一眼カメラやビデオカメラを使う人もいます。

スマホさえあれば、十分に高画質な動画を撮影できる

LED照明やマイク、三脚は、撮影を便利にしたり、よりクオリティの高い動画を撮影するのに役立つ

LIVE配信の場合は、部屋での撮影が多くなります。暗く映りがちなので、TikTokアプリのフィルターやエフェクトを活用している人も多いです。加工せずに配信する場合は、LED照明を使いましょう。マイクもスマホで十分ですが、歌を歌う場合やはっきりとした声を届けたいのであれば使用することをおすすめします。また、スマホを固定させるためにスマホホルダーや三脚も用意しましょう。三脚は、花火や夜景を綺麗に撮影する際にも必要です。

動画撮影アプリと動画編集アプリ

「もっとフォロワーを増やしたい」「他の動画と差別化を図りたい」というときには、動画編集アプリを使います。スマホでの編集がやりにくい場合は、パソコンの動画編集アプリを使いましょう。

また、TikTokアプリで撮影する場合、グリッドが表示されないため、まっすぐ撮るのが難しいときがあります。iPhoneにはじめから入っている「カメラ」アプリでは、グリッドが表示されるので、まっすぐに撮影することができます。「設定」アプリ→「カメラ」→「グリッド」をオンにすると表示されます。

動画を投稿しよう

▲スマホの動画編集アプリ
CapCut

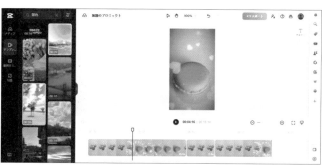

▲パソコン版CapCut

◀iPhoneの「カメラ」アプリでは
グリッドが表示される

> **⚠ Check**
>
> ### アイデアや構成案も必要
>
> 　動画の撮影にアイデアは必要です。フォロワーが多いクリエイターは、動画の企画や構成を考えて制作しています。文字の配置やイラストにも工夫を凝らしています。単純に撮影した動画に見えたとしても、実際には綿密に計画して制作されているのです。

03-03

スマホで撮影するときのポイント

縦型動画の撮影に慣れて、魅力的な動画にしよう

スマホで撮影をする際、スマホを横にして撮影している人が多いのではないでしょうか？TikTokは縦型動画なので、基本的にはスマホを縦にして撮影します。ただし、横型の動画もあるので、そのメリットも紹介します。

縦型と横型の違い

　TikTokの動画は縦型なので、スマホを縦向きにして撮影します。横向きに撮影して投稿すると、上下に黒い帯が入ります。横向きのまま投稿してもかまいませんが、画面いっぱいに表示される縦型の方が効果的に表現できるので、基本的には縦型で撮影します。

▲スマホを縦向きにして撮影した場合

▲スマホを横向きに撮影した場合

撮影のコツ

はじめのうちは、スマホを両手で固定して撮影しましょう。その際、スマホをゆっくり動かしてください。自分の目の動きに合わせて撮ると、再生したときに目まぐるしい動画になります。ただし、単調すぎる動画は見てもらえないので、編集で工夫する必要があります。

　また、躍動感のある動画にするために、スマホを回転させたり、被写体から引いたり、寄せたりしながら撮影する手法もあります。テレビ番組の撮影で、カメラマンがカメラを動かしているのを見たことがあるでしょう。それと同じようなイメージです。スマホを上下左右に上手に動かしながら撮影し、プロ並みの動画を投稿している人たちもいるので、慣れてきたらチャレンジしてください。

⚠ Check

横型で投稿した動画

　横型動画の場合、黒い帯の部分に文字やステッカーを入れている人もいます。文字を目立たせたい時に効果的です。また、他ユーザーがスマホを横向きで撮影した動画には「全画面」ボタンが表示され、タップして横向きの全画面で視聴できる場合もあります。

03

動画を投稿しよう

03-04

動画を投稿する

短時間なので撮るのが簡単。やり方を覚えてたくさん投稿しよう

TikTokを楽しむなら、視聴だけでなく投稿もしてみましょう。その場で動画を撮影することも、過去に撮影した動画や写真を投稿することもできます。加工や細かい編集もできますが、まずは動画の投稿に慣れましょう。ここではiPhoneの画面ですが、Androidも同様に使えます。

動画を撮影する

1 「＋」をタップ。

2 カメラとマイクへのアクセス許可についてのメッセージが表示された場合は、タップしてオンにする。

> ⚠ **Check**
>
> **画面が違う**
>
> 執筆時点での画面で解説しているため、アップデートにより、解説画面と異なる場合があります。また、本書ではiPhoneの画面を使用していますが、Androidの場合は多少異なる場合があります。

3 「カメラ」になっていることを確認し、モードを選択。

4 「切り替え」をタップして、インカメラ（自撮り）かアウトカメラ（反対側）かを選択。その後被写体をタップしてピントを合わせ、「撮影」ボタンをタップ。

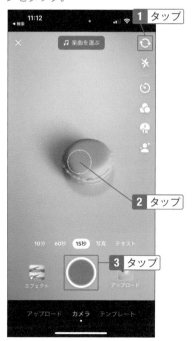

5

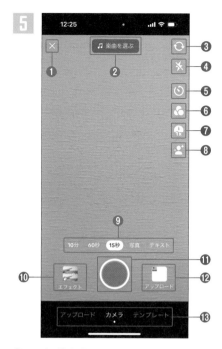

❶×：投稿を止める
❷動画に入れる曲を選択する
❸インカメラ（自撮り）とアウトカメラ（反対側）を切り替える
❹ライト：フラッシュのオン・オフを切り替える
❺カウントダウン：撮影開始までのカウントダウンに使う
❻フィルター：色味や変形で加工する
❼速度：撮影スピードを切り替える
❽メイク：美肌効果や顔を加工できる
❾モード：10分、3分、60秒、15秒、写真、テキストから選んで撮影する
❿エフェクト：動画に特殊効果を付けられる
⓫撮影ボタン：タップして撮影を開始する
⓬アップロード：保存してある動画を載せる場合に使う（アップロードは10分まで可能）
⓭「アップロード」「カメラ」「テンプレート」が使える

67

6 「停止」ボタンをタップすると止まる。

00:02

1 タップ

7 別の被写体を用意し、「撮影」ボタンをタップして撮影する。繰り返しおこない、指定した秒数まで撮影しない場合は「チェック」ボタンをタップ。

00:03

エフェクト

1 タップ　　**2 タップ**

曲を追加する

1 「楽曲を選ぶ」をタップ。

11:03

♫ 楽曲を選ぶ

1 タップ

⚠ Check

ダンス動画の場合

曲に合わせて踊る場合は、撮影前に楽曲を選択して「撮影」ボタンをタップします。

2 「検索」ボタンをタップ。

おすすめ　セーブ済み

女子アナ…ちゃん
P丸様。・00:25

かわいいしっぽ
Rabbit Music9・01:00

かわいい雰囲気のBGM
Kobaken Film・01:04

なんでやねんねん
浜田ばみゅばみゅ・00:15

Find you in the dark feat. Nenashi
Ovall・01:00

✓ オリジナルサウンド　　◀ 音量

1 タップ

💡 Hint

曲の選び方

TikTokでは、テンポの良い曲が好まれる傾向にあります。手順2にあるおすすめの曲から選んだり、動画のイメージに合う曲を選んだりして工夫しましょう。また、動画に合う歌詞を選ぶのも効果的です。

3 検索して曲をタップし、「チェック」をタップ。

4 ✂ をタップ。

Hint

曲をお気に入りに登録する

気に入った曲は、曲名の右端にある 🔖 をタップすると、手順4の「セーブ済み」タブから選べるようになります。検索の手間を省くために、気に入った曲は登録しておきましょう。

5 バーをドラッグして、曲のどの部分を使用するかを指定し、「完了」をタップ。

6 「音量」をタップ。

7 動画に入っている音と楽曲の音量バランスを調整し、「完了」をタップ。

Note

オリジナルサウンドとは

「オリジナルサウンド」は撮影した動画に入っている音で、「追加されたサウンド」が楽曲です。撮影時に雑音が入ってしまった場合は、「オリジナルサウンド」のバーを一番左にすると雑音が入りません。

8 「次へ」をタップ。

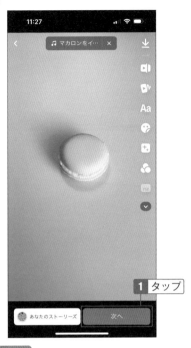

1 タップ

⚠ Check

楽曲が制限される

SECTION07-08で解説するビジネスアカウントでは、商用楽曲ライブラリのみです。個人アカウントで使える楽曲を選択できない場合があります。

9 「カバーを選ぶ」をタップ。

1 タップ

10 表紙となる場面を選択する。

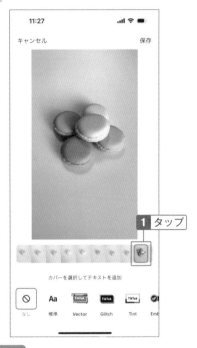

1 タップ

📋 Note

カバーとは

プロフィール画面の一覧に載せる動画の表紙のことです。面白い動きをしている場面や文字が入っている場面にすると見てもらいやすいです。なお、手順10の下部で、カバーにタイトルなどの文字を入れられます。文字を入れると注目されやすいので活用しましょう。

11 説明欄をタップして動画の説明を入力し、グレーの部分をタップ。

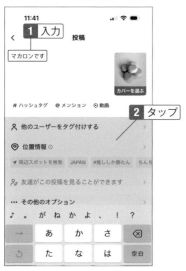

12 「投稿」をタップすると投稿できる。

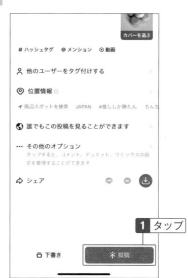

特定の人だけに動画を見せる

1 投稿の画面で「誰でもこの投稿を見ることができます」をタップし、「友達」をタップ。続いて「×」をタップ。

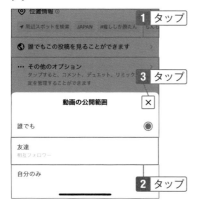

2 「友達がこの投稿を見ることができます」になっていることを確認して「投稿」をタップ。

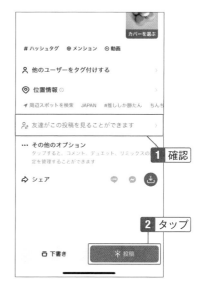

⚠ Check

自分用の動画にするには

手順1で「自分のみ」を選択すると、自分だけが視聴できます。

ハッシュタグとメンションを使う

他のユーザーとの交流を高めるために設定しよう

ハッシュタグは、キーワードの先頭に半角の「#」を入れた文字列のことで、SNSでよく使われます。ハッシュタグを使えば、関連動画と結び付けることができ、ユーザーを呼び込めるので積極的に使用しましょう。また、メンションについても説明します。

ハッシュタグを入力する

1 前のページの手順12の画面で、「#ハッシュタグ」をタップ。

> 📖 **Note**
>
> ### ハッシュタグとは
>
> 動画に付けるキーワードのことで、文字の先頭に半角の「#」を入力するだけで使えます。ユーザーは、動画の説明欄にあるハッシュタグをタップすると、同じハッシュタグが付いている動画の一覧が表示され、関連する動画を視聴できるようになっています。

2 「#」が入力されるので、キーワードを入力し、候補一覧から選んでタップ。一覧にない場合はそのまま入力。

3 ハッシュタグを追加した。グレーの部分をタップ。

1 「@メンション」をタップ。

1 タップ

メンションとは

　動画を投稿したことを相手に通知したい場合は、メンションを使用します。「@メンション」をタップするか、半角の「@」を入力しても追加できます。なお、メンション不可の設定をしているユーザーは選択できません。

2 ユーザーをタップ。

1 タップ

3 メンションを追加できた。

1 確認

03

動画を投稿しよう

動画上にハッシュタグやメンションを追加するには

　SECTION03-11のステッカーを使うと、動画上にハッシュタグやメンションを追加できます。

73

03-06

撮影済みの動画を投稿する

過去に撮影した動画も投稿できる

TikTokアプリで撮影ができますが、普段利用しているカメラアプリで撮影した動画を投稿することもできます。また、撮影した動画を動画編集アプリで編集した場合も、アップロードして投稿します。

動画をアップロードする

▌1 「+」をタップ。

▌2 「アップロード」をタップして動画を選択する。

▌3 「次へ」をタップして投稿する。

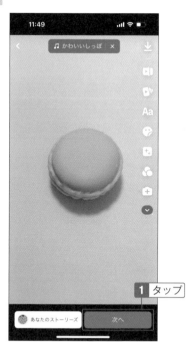

03-07

コメントを不可にする

忙しい時はコメントオフにしてもOK

必ずしもコメントに返信しなければいけないというわけではありませんが、忙しくてコメントに対応できない場合はコメントをオフにする手もあります。投稿時にオフにすることも投稿後にオフにすることも可能です。

コメントをオフに設定する

投稿の画面（SECTION03-04の手順12）で「その他のオプション」をタップ。

「コメントをオンにする」をタップ。緑からグレーに変わったことを確認して送信する。

⚠ Check

後からコメントをオフにするには

投稿後にコメントをオフにしたい場合は、動画の右端にある ••• をタップし、下部の「プライバシー設定」をタップして、「コメントをオンにする」のスライダをオフにします。

03-08

動画を下書き保存する

時間をおいて投稿したいときは下書き保存をする

TikTokには下書き保存の機能があるので、撮影後すぐに投稿しなくてもかまいません。ひとまず撮影だけにして、後からゆっくり曲を選んだり、文字を入れたりなどが可能です。下書き一覧からいつでも開けます。

下書き保存する

1 動画の投稿画面（SECTION03-04の手順12）で、「下書き」をタップ。

2 「プロフィール」をタップし、「下書き」をタップ。

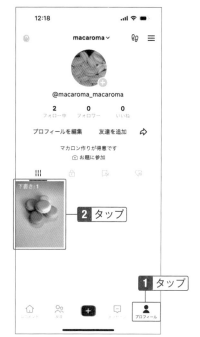

⚠ Check

下書き保存

　撮影した動画を後で投稿したい場合は、下書き保存をします。保存しておけばいつでも投稿できます。なお、下書きの動画は他のユーザーには見られないので安心してください。

3 編集する動画をタップ。

1 タップ

4 編集画面が表示される。編集して、「次へ」をタップして公開する。

1 タップ

03

動画を投稿しよう

下書きの動画を削除する

1 下書き一覧画面で、画面右上にある「選択」をタップ。

1 タップ

2 削除する動画をタップして「削除」をタップ。

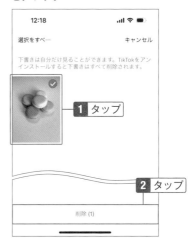

1 タップ

2 タップ

03-09

投稿した動画の 説明やカバー画像を変更する

動画の説明やカバー画像なら追加ができる

公開した後に、「説明をつけ忘れた」「ハッシュタグを追加したい」などがあると思います。7日以内なら編集することが可能です。なお、動画自体の入れ替えはできないので、削除して再投稿してください。

公開した動画を編集する

［１］「プロフィール」をタップし、編集する動画をタップ。

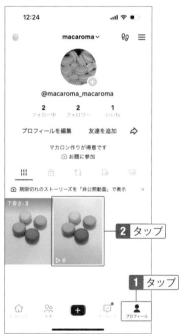

⚠ Check

公開した動画の編集

　説明文とカバーは1日に1回編集することが可能です。ただし、7日以上前の動画を編集することはできません。削除は可能です。

［２］ ••• をタップ。

［３］横にスワイプして、「投稿を編集」をタップ。

4 編集して「保存」をタップ。

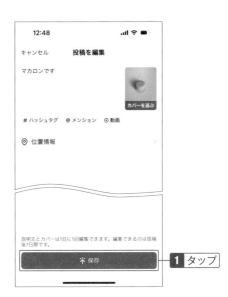

1 タップ

公開した動画を削除する

1 動画の ⋯ をタップ。

1 タップ

2 横にスワイプして、「削除」をタップ。

1 スワイプ

2 タップ

3 メッセージが表示されたら「削除」
をタップ。

1 タップ

03-10

テンプレートを使用して素早く動画を作成する

アップロード動画も一瞬でインパクトのある動画にできる

効果的な動画を急いで投稿したい場合は、テンプレートが便利です。楽曲やエフェクトを選ぶ時間を省くことができます。その場で撮影した動画だけでなく、アップロードした動画にも使うことが可能です。なお、執筆時点では、ここでのテンプレートはiPhoneのみとなっています。

テンプレートを選択する

撮影またはアップロードした後の画面で、「テンプレート」をタップ。

1 タップ

テンプレートをタップして選択する。

1 タップ

📝 Note

テンプレートとは

音源やエフェクトを組み合わせたひな型です。撮影またはアップロードした動画にテンプレートを設定することで、見栄えの良い動画を素早く作成することができます。ただし、テンプレートを適用する前に設定した楽曲や文字、ステッカーは削除されるので気を付けてください。また、クリップの編集ができないので、急ぎで投稿したいときに使いましょう。

03-11

動画にステッカーや絵文字を追加する

動くイラストや絵文字も一覧から選んで入れられる

単調な動画になってしまったら、ステッカーを入れましょう。大笑いや泣き顔をはじめ、動くイラストがたくさん用意されています。普段の入力で使用している絵文字を入れることも可能です。

GIF画像を追加する

１ 「ステッカー」をタップ。

２ 「ステッカー」タブにさまざまなステッカーが表示される。

３ 検索ボックスにキーワードを入力して検索し、ステッカーをタップ。

📖 Note

ステッカーと絵文字

ステッカーは、イラストや文字でできたシールのようなものです。動くステッカーもあり、動画を盛り上げたいときに便利です。絵文字は、普段の入力でも使っている絵文字です。

4 ピンチアウトしてサイズを調整し、
ドラッグで位置を整える。

2 ドラッグ ——— 1 ピンチアウト

他のユーザーに質問をする

1 ステッカーの選択画面で、「投票」を
タップ。

1 タップ

2 質問を入力し、「完了」をタップ。

2 タップ

1 入力

3 ドラッグで位置を調節する。

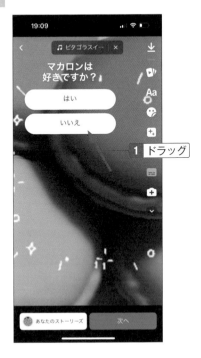

1 ドラッグ

絵文字を追加する

1 「絵文字」をタップし、追加したい絵文字をタップ。

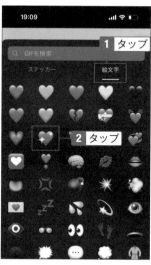

2 ピンチアウトとドラッグでサイズと位置を調整する。

ステッカーや絵文字を削除する

1 削除したいステッカーをドラッグすると「ゴミ箱」が現れる。

2 そのままドラッグし、赤色のゴミ箱の蓋が開いたら手を離すと削除される。

03

動画を投稿しよう

03-12

動画にテロップを入れる

テレビの情報番組と同じようにテロップを入れられる

おすすめに表示される動画は、最初の2秒くらいで注目度が決まります。その際、文字が入っていると目にとまりやすい傾向があります。また、音量を下げて視聴する人にも見てもらえます。動画編集アプリを使わなくても、TikTok上で文字を入れられるので追加しましょう。

テキストを入力する

1 動画を撮影後の画面で、「Aa」をタップ。

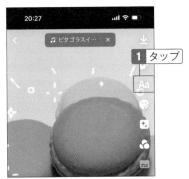

2 文字を入力。

 Hint

文字入力が苦手な場合

TikTokは音声入力に対応しています。スマホのキーボードの右下にあるマイクのアイコンをタップし、声で入力してください。

3 書体をタップ。横にスワイプすると
さまざまな書体から選べる。

4 色を選択。Aをタップしてタイプを
選択し、「完了」をタップ。

5 ピンチアウトすると拡大ができる。
ドラッグして移動する。

6 文字をダブルタップすると編集がで
きる。

▲下部と右部を避けて配置する

03-13

気に入った動画を再投稿する

他のユーザーの動画を再投稿できる

広めたい動画を見つけたら、他人の動画を再投稿することができます。ただし、全員に見せるのではなく、相互フォローしているユーザーが対象です。再投稿を取り消すことも簡単にできます。

再投稿する

1 動画の「シェア」ボタンをタップ。

📖 Note

再投稿とは

　再投稿は、他のユーザーの動画を投稿できる機能です。X（旧Twitter）を利用している人は、リポスト（リツイート）と同じようなものをイメージしてください。ただし、投稿した動画は、お互いがフォローしている友達の画面にのみ表示されます。また、再投稿を許可していないユーザーもいます。

2 「再投稿」をタップ。

3 「再投稿」をタップ。

4 左下に「再投稿しました」と表示される。

1 確認

⚠ Check

再投稿を見られる人

再投稿は、お互いがフォローしている友達のおすすめに表示されます。フォローしていない人、フォローされていない人の画面には表示されません。

5 「プロフィール」をタップし、🔁 をタップすると、再投稿した動画が表示される。

1 タップ

2 タップ

3 確認

再投稿を取り消す

1 「プロフィール」をタップし、「再投稿」タブの動画をタップ。

1 タップ

2 タップ

3 タップ

2 「シェア」をタップ。

1 タップ

3 「再投稿の削除」をタップ。

1 タップ

03-14

ストーリーズを投稿する

エフェクトで特殊効果を付けて投稿するのがおすすめ

インスタでおなじみのストーリーズですが、TikTokでも使えます。24時間で削除されるので、ちょっとした動画を気軽に投稿できます。ストーリーズを見た人がフォローしてくれるケースも多いので、積極的に利用しましょう。

ストーリーズに動画を投稿する

1 投稿の画面 (SECTION03-04の手順8) で、「あなたのストーリーズ」をタップ。

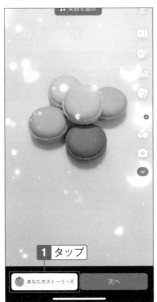

2 アップロードした。左下に「ストーリーズ」と表示される。

> 📋 Note
>
> **ストーリーズとは**
>
> 　「ストーリーズ」は、最大15秒の投稿で、投稿後24時間で削除されます。他のユーザーがストーリーズを投稿していると、アイコンの周囲が水色の丸で囲まれるので、タップして視聴できます。視聴すると白色の丸に変わります。

ストーリーズを確認する

1 画面右下の「プロフィール」をタップし、プロフィール画像をタップ。

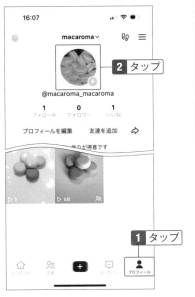

2 再生される。視聴者がいる場合は左下に表示されるのでタップ。

3 ストーリーズを見た人の一覧が表示される。

ストーリーズを削除する

1 ・・・ をタップ。

2 「削除」をタップ。

⚠ Check

ストーリーズのダウンロード

執筆時点では、TikTokのストーリーズは24時間経過したものは保存されないので、必要であれば、手順2で「ダウンロードする」をタップして保存しておきましょう。

テンプレートを使って写真を投稿する

さりげなく撮った写真をかっこよく仕上げて公開できる

TikTokでは、動画だけでなく、過去に撮影した写真をスライドショーのようにして投稿することもできます。編集アプリを使わなくても、TikTok上で写真を選択するだけで、かっこよくておしゃれな作品ができあがります。

テンプレートを使用する

1 画面下部の「＋」をタップし、スワイプして「テンプレート」をタップ。スワイプして使いたいテンプレートを表示し、「写真をアップロード」をタップして写真を追加する。

2 必要に応じて文字を入れ、「次へ」をタップして投稿する。

📋 Note

テンプレートとは

SECTION03-10では、投稿画面でのテンプレートについて説明しましたが、写真を選択してスライドショーのようにできるテンプレートもあります。音楽や効果を組み合わせたテンプレートが豊富に用意されているので活用しましょう。

⚠ Check

選択する写真の枚数

選択したテンプレートによって、枚数が異なります。必要な枚数は、手順1のタイトル下に記載されています。なお、枚数分を選択しないと先へ進めないテンプレートもあります。

動画を編集しよう

TikTokでは、本格的な編集をしなくても、エフェクトを使うことで楽しい動画を簡単に作成できます。ですが、どうしても他のユーザーと似たような動画になりがちです。そこで、音声を入れたり、複数の場面を追加したりしながらオリジナリティを出してみましょう。ここでは、動画の編集について解説します。

04-01

フィルターで
撮影した動画の見栄えを良くする

フィルターを使うだけで動画のイメージがガラッと変わる

ふんわりしたイメージの動画、温かみのある動画にしたいとき、フィルターを使うと簡単に加工することが可能です。いつも使用するフィルターを決めておくと、全体のバランスがよくなります。何度でも試せるので、見栄えが良くなるように設定してください。

撮影時にフィルターを付ける場合

1 「＋」をタップして楽曲を設定した後、右側にある「フィルター」をタップ。

2 フィルターを選択し、スライダをドラッグしてフィルターの濃度を調整する。動画の部分をタップ。

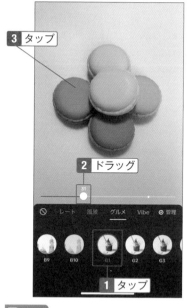

📝 Note

フィルターとは

写真に明るさや色味を加えたいときにフィルターを使いますが、動画にもフィルターを設定できます。暗く映ってしまった動画を明るくしたいときに便利です。撮影時にフィルターを設定することも可能です。

3 「撮影」ボタンをタップして撮影する。

後からフィルターを設定する場合

1 動画の撮影後の画面で、右側にある「フィルター」をタップ。

2 好みのフィルターをタップし、動画の部分をタップ。

3 フィルターを設定した。「次へ」をタップして公開する。

💡 Hint

素早くフィルターを設定する方法

撮影後の編集画面上を横方向にスワイプしてもフィルターを設定できます。フィルター一覧を開かなくても設定できるので、急いで投稿したいときに便利です。

フィルターを解除する

1 「フィルター」をタップ。

1 タップ

2 ◎をタップ。

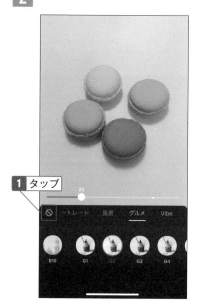

1 タップ

Hint

フィルターを整理する

手順2（撮影前のフィルター）で、横にスワイプして「管理」をタップした画面で、使わないフィルターのチェックをはずします。

Hint

美顔・メイクを設定する

「小顔で映りたい」「若く見られたい」という人は、撮影画面の右側にある「メイク」アイコンをタップしましょう。顔をほっそりさせたり、目を大きくしたりして自分の顔を変えられます。お化粧をしていなくても、ファンデーションとチークを付けた顔になります。

04-02

場面の一部にステッカーを表示させる

効果音と一緒に笑い顔や拍手のステッカーを入れると盛り上がる

SECTION03-11でステッカーを追加しましたが、動画の再生中にずっと表示されます。「特定の場面で拍手のイラストをいれたい」といった場合は、ステッカーに表示時間を設定することで、一部分にのみ表示させることが可能です。

ステッカーの表示時間を設定する

1　追加したステッカーをタップし、「ステッカーの表示時間を設定」をタップ。

2　両端をドラッグしてステッカーを表示したい場面を設定する。「チェック」をタップ。

95

04-03

ステッカーを固定させる

顔を隠したいときや車のナンバーを隠したいときなどに役立つ

たとえば、顔を隠しながら踊るとき、顔の部分にステッカーを貼り付けても、体を動かすとずれてしまいます。そこでステッカーをピン留めすると、顔の部分にステッカーが貼り付き、動いても顔が隠れた状態になります。

ステッカーをピン留めする

1 ステッカーをタップして「ピン留めする」をタップ。

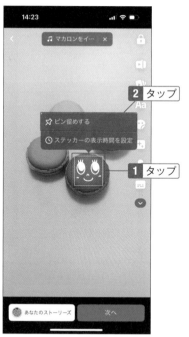

2 バーをスライドさせて、ステッカーを固定させる部分を指定。

📖 **Note**

ステッカーのピン留めとは

ステッカーをピン留めすると固定させることができ、被写体にステッカーを貼り付けて移動させることができます。サングラスを付けたり、帽子をかぶったりなどの動画にすることも可能です。

04-04

ステッカーで切り抜き写真を追加する

写真に写っている被写体を動画の中に入れられる

前のSECTIONで紹介したステッカーは、動くイラスト以外にも、切り抜き写真を追加したい時にも使えます。自動的に被写体を切り抜いてくれるので手間がかかりません。

写真の背景を削除して追加する

1 投稿画面右にある「ステッカー」をタップし（SECTION03-11の手順2）、一覧にある ▣ をタップして写真を選択。

2 「アップロードして背景を削除」にチェックを付け、「OK」をタップ。

⚠ **Check**

写真の背景を削除して追加する

　手順2で「アップロードして背景を削除」にチェックを付けると、被写体の周囲を自動的にカットして追加でき、動画と合成させることができます。ただし、被写体と背景の区別がつかない写真は上手く切り抜くことができません。

3 ピンチアウトしてサイズを調整し、ドラッグで位置を整える。

04-05

エフェクトを使って撮影する

美顔エフェクトやARエフェクトが人気

TikTokでは、さまざまな効果を付けて撮影することができます。TikTokが用意している
エフェクトだけでなく、クリエイターが作成したエフェクトもあり、おもしろい動画を
簡単に撮影できます。きれいな顔にする美顔エフェクトや、ARやAIを使ったエフェクト
がよく使われています。

美顔エフェクトを使う

撮影する前に「エフェクト」をタッ
プ。

「人気上昇中」にあるのが人気のエ
フェクト。

🔎 Hint

気に入ったエフェクトを登録する

手順2で、中央左にある 🔖 をタップすると
エフェクトを登録できます。登録したエフェク
トは「人気上昇中」の左にある 🔖 をタップし
た一覧から選べるようになっています。

📖 Note

エフェクトとは

動画にキラキラやズームなどの変化を付けられるがエフェクトです。TikTokでは、撮影前または撮影
後にエフェクトを設定できます。撮影後のエフェクトについては次のSECTIONで説明します。

3 スワイプして「美顔モード」をタップし、エフェクトをタップ。

4 エフェクトを選択したら、「撮影」ボタンをタップして撮影する。

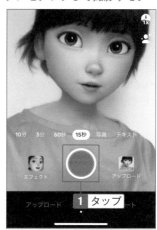

ARエフェクトを使う

1 「AR」をタップし、好きなエフェクトをタップ。

2 撮影する。説明がある場合は指示に従う。

3 ARの動画が作成される。

📖 **Note**

ARとは

　AR（拡張現実）は、現実を主体として、デジタル情報を出現させる技術です。TikTokでもARを使って特徴的な動画を作成できます。

04-06

撮影した動画にエフェクトを追加する

単調な動画でもキラキラや花火のエフェクトを入れれば豪華になる

せっかく動画を撮影したのに、「どこか物足りない」というときもあります。そのような場合は撮影後にエフェクトを付けましょう。場面ごとに別のエフェクトを追加することも可能です。

キラキラを入れる

1 動画の撮影後の画面で、「エフェクト」をタップ。

2 「Trending」によく使われているエフェクトが表示されている。ここでは「Visual」の「Lights」をタップ。

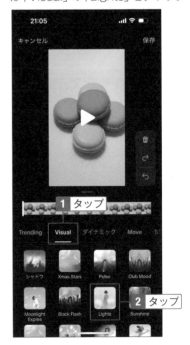

⚠ Check

エフェクトの設定

撮影後にエフェクトを追加することも可能です。撮影前のエフェクトよりはオーソドックスなエフェクトですが、設定するとイメージがかなり変わります。複数のエフェクトを追加することも可能です。ただし追加しすぎても逆効果になるので、強調したい部分に追加するようにしましょう。

3 タイムラインをタップし、両端をドラッグして効果を付ける部分を指定。

4 追加したいエフェクトがあれば、再生ヘッドをドラッグで移動してエフェクトをタップ。

5 エフェクトの両端をドラッグして長さを調整できる。その後「再生」をタップして動画を確認し、「保存」をタップ。

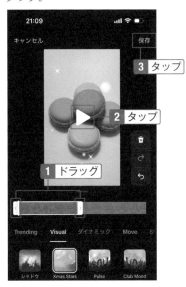

⚠️ Check

効果を取り消すには

　エフェクトをタップし、右側にある「ゴミ箱」をタップすると削除できます。やり直す場合は、「元に戻す」のアイコンをタップします。

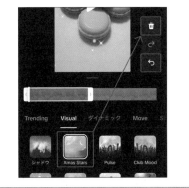

⚠️ Check

複数のエフェクトを重ねたい

　複数のエフェクトを重ねたい場合は、次のSECTIONの編集画面でおこないます。

04

動画を編集しよう

04-07

編集画面を表示する

動画のつなぎ合わせや分割をする際には編集画面を使用する

ショート動画なので、細かな編集をせずに気軽に投稿してかまいませんが、もし「本格的な動画を投稿したい」あるいは「他のユーザーの動画と差を付けたい」といったときには編集画面で操作してください。

編集画面を表示する

1 動画を撮影して「チェック」をタップした後の画面（SECTION03-04 の手順8）で、「編集」をタップ。

2 編集画面が表示された。

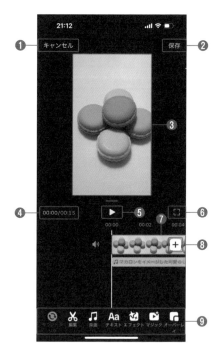

⚠ Check

動画の編集

　文字やステッカーの追加は撮影直後の画面でできますが、場面ごとに細かく編集したい場合はクリップの編集画面を使って編集します。

❶タップするとキャンセルできる
❷保存するときにタップする
❸プレビューが表示される
❹再生時間が表示される
❺再生する
❻拡大する
❼タップするとクリップを選択できる
❽動画または写真を追加する
❾「編集」「楽曲」設定やエフェクトやオー
　バーレイを設定できる

⚠ Check

編集画面の使い方

　手順2の画面を最初の画面として覚えてお
きましょう。下部にある「編集」をタップする
とさまざまな編集ができ、左下の「v」をタッ
プすると最初の画面に戻るようになっていま
す。

タイムラインを拡大する

1 タイムラインの黒い部分をタップ
し、ピンチアウト。

2 タイムラインを広げた。上部の秒数
とフレーム数が変わる。

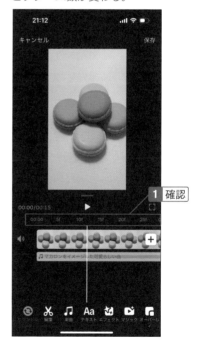

⚠ Check

タイムラインの表示

　例えば、1秒間の中に一瞬だけ文字を入れたいといったとき、デフォルトのままでは操作しづらい場合
があります。そのようなときに、タイムラインの間隔を広げて操作します。

SECTION

Keyword：音声の追加

04-08

動画に音声を入れる

性別を変えたりアナウンサーの声に変換したりできる

自分の声に自信がなくて投稿をあきらめている人もいるかもしれませんが、TikTokには、「ボイスフィルター」という声を加工できる機能があるので大丈夫です。お気に入りのボイスを決めて使用してもよいですし、動画ごとに違うボイスを選んでもよいです。楽しい動画を作成しましょう。

音声を録音して追加する

▌ SECTION04-07の手順2で「楽曲」をタップし、「アフレコ」をタップ。

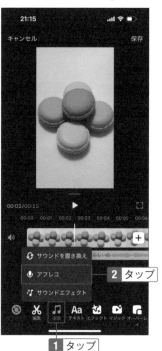

▌ タイムラインをドラッグして再生ヘッドを移動し、「録音」ボタンをタップして話しかける。

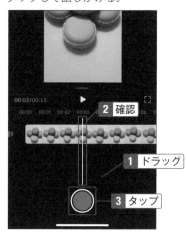

Hint

音声を簡単に入れるには

　投稿画面の右端にある「v」をタップし、「オーディオを編集する」(Androidの場合は「音声」)をタップすると、音声を入れることができます。

104

3 「完了」をタップ。

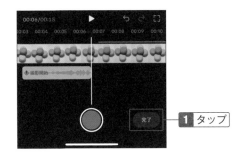

1 タップ

音声エフェクトを設定する

1 追加した音声のクリップ（マイクが付いたクリップ）をタップし、「音声エフェクト」をタップ。

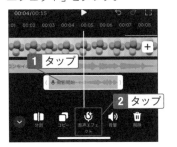

1 タップ

2 タップ

📄 Note

音声エフェクトとは

　自分の声を加工することができます。ただし、用意されている声は商用には使えないので注意してください。また、スマホによっては使用できない場合もあります。

2 好みの音声エフェクトをタップし、「保存」をタップ。

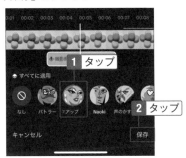

1 タップ

2 タップ

3 楽曲のクリップをタップし、「音量」をタップ。

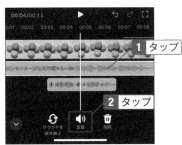

1 タップ

2 タップ

4 再生しながら曲の音量を小さくし、「保存」をタップ。同様に音声も調整する。終わったら左下の「∨」をタップして戻る。

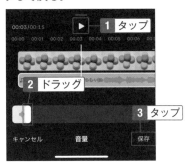

1 タップ

2 ドラッグ

3 タップ

⚠️ Check

音声を削除するには

　追加した音声を削除するには、手順1で「削除」をタップします。

効果音を入れる

自分で録音しなくても効果音が用意されている

拍手や笑いの効果音を入れると、周囲に大勢がいるように演出できて盛り上がります。また、シャワーの音や料理動画に使う包丁のトントンという音もあるので、自分で録音する必要がありません。

サウンドエフェクトを追加する

1 SECTION04-08の手順1の画面で、効果音を入れたい場所に再生ヘッド（白い棒）を移動する。「楽曲」をタップし、「サウンドエフェクト」をタップ。

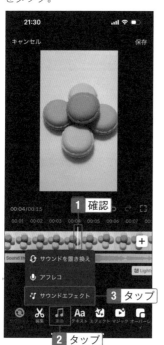

2 サウンドエフェクトをタップして「使う」をタップ。ここでは「Amusement」にある「"Wow!" 5」を選択。

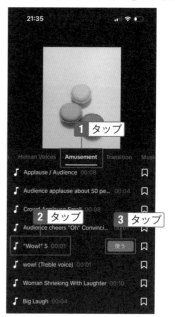

📋 Note

サウンドエフェクトとは

サウンドエフェクトは拍手や笑い声などの効果音です。楽曲は1曲のみですが、サウンドエフェクトは複数追加できます。動画を盛り上げたい場面に追加してください。

04-10

動画に字幕を入れる

手入力しなくても自動的に字幕を入れられる

SECTION03-12でテキストを追加する方法を説明しましたが、商品説明や講義形式の動画は会話が文字になっていると見る側は助かります。とは言え、文字入力が大変です。そのような場合に字幕機能を使います。

字幕を使えるようにする

1 「テキスト」をタップし、「字幕」をタップ。

2 左端が「日本語」になっていることを確認する。

📝 **Note**

字幕とは

　動画の会話を文字にできるのが字幕機能です。手入力しなくても自動的に入力してくれます。なお、間違えている箇所は修正してください。プレビューにある文字を2回タップすると編集できる状態になります。

3 ドラッグで位置を変えられる。その後「∨」をタップして戻る。

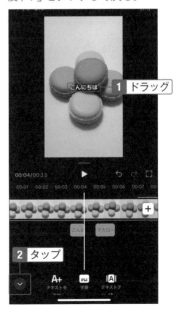

04

動画を編集しよう

107

04-11

別の動画をつなぎ合わせる

TikTokアプリで動画や写真をつなぎ合わせることができる

テンポの良い動画を作成するには、複数の動画や写真を組み合わせて作成します。また、単調な動画にならないようにするために、合間に動画を差し込む手法が使われます。Tik Tokアプリでもつなぎ合わせることができるので説明しましょう。

動画を追加する

1 SECTION04-08の手順1の画面で、「＋」をタップ。

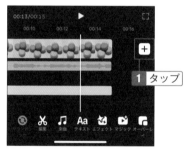

`1` タップ

2 追加したい動画の〇をタップ（複数選択可）し、「確認」をタップ。

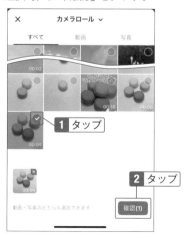

`1` タップ

`2` タップ

> ⚠ **Check**
>
> **追加した動画を削除するには**
>
> 追加した動画のクリップをタップし、下部の「削除」をタップすると削除できます。

3 動画を追加した。

`1` 確認

クリップの順序を入れ替える

1 2番目のクリップを長押し。

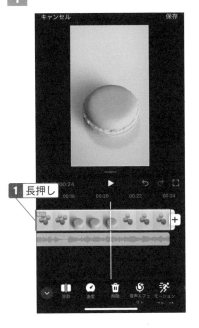

1 長押し

2 ドラッグして先頭に移動する。

1 ドラッグ

3 順序を入れ替えた。

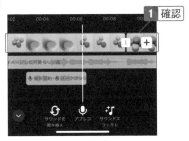

1 確認

楽曲の長さを調整する

1 楽曲のクリップをタップし、右端の「>」をドラッグ。

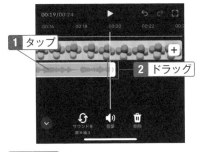

1 タップ

2 ドラッグ

2 カチッとはまるところで手を離す。

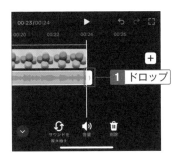

1 ドロップ

⚠ Check

クリップの長さ調整

　動画を付け足したり、削除したりすると、楽曲やエフェクトの位置がずれる場合があります。そのようなときはここでのように長さを調整してください。両端をドラッグして調整しますが、動画のクリップの長さに合わせるには、カチッとはまるところで手を離します。

04-12

場面を分割して削除する

不要な場面は分割してから削除する

撮影した動画に余計なものが映ってしまうことはよくあることです。そのような場合は、その場面のみを分割させてから削除します。動画の間に写真を追加したい時も分割してから追加してください。

場面を分割する

1 「編集」をタップ。

2 タイムラインをドラッグして再生ヘッドを分割する位置の先頭に移動し、「分割」をタップ。

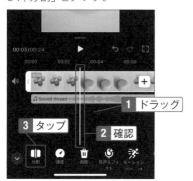

3 再生ヘッドを分割の末尾に移動させ、「分割」をタップ。

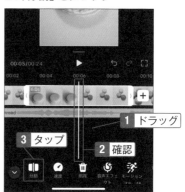

4 分割できた。

クリップを削除する

1 削除するクリップをタップし、「削除」をタップ。

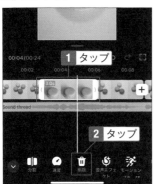

2 削除された。

カットの位置を変更する

1 クリップをタップし、両端の「<」または「>」をドラッグ。

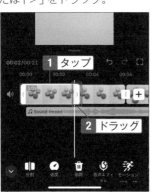

2 カットしていた部分が現れる。

04
動画を編集しよう

04-13

動画の一部を
早送りやスローモーションにする

人や動物の動きを素早く見せたいときやゆっくり見せたいときに設定しよう

動画の動きを早送りにしたり、スローモーションにしたりすることができます。たとえば、ランニングをしている動画で、途中からスピードを上げて走っているように見せることが可能です。反対に、ゆっくり見せたいときには速度を落として設定します。

早送りにする

1 クリップをタップし、「速度」をタップ。

2 白い丸をドラッグして速度を設定し、「保存」をタップ。

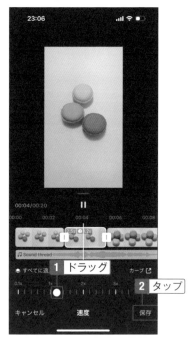

> ⚠ **Check**
>
> **速度調整**
>
> 手順2で右方向にドラッグすると速くなり、左方向にドラッグすると遅くなります。早送りする場合は白い丸を5x、10xにしてください。

04-14

場面が変わるときに効果を付ける

スムーズに場面を切り替えたいときに必須の設定

動画をつなぎ合わせたとき、次の場面に移動するときに不自然に見える場合があります。そのようなときにズームやフラッシュなどの効果を設定しましょう。設定前と比べると、動画全体の印象がよくなります。

ズームの効果を付ける

1 タイムラインの黒い部分をタップしてから、クリップの間にある【|】をタップ。

2 効果を選択。ここでは「ズームアウト」をタップ。

⚠ Check

トランジションとは

クリップとクリップの間に設定する効果をトランジションと言います。トランジションを設定することで、次の画面へ滑らかに切り替えたり、強調させたりなどの効果を付けられます。

04-15

オーバーレイで
動画の途中に写真や動画を重ねる

2つの動画を同時に載せることができる

動画の中に動画を入れたいときにはオーバーレイを使います。2つの動画を並べるだけ
では面白みに欠けるので、追加した動画に文字やステッカーを入れるなど工夫して作成
しましょう。

オーバーレイを追加する

1 タイムラインをドラッグして、再生
ヘッドを画像または動画を重ねる場
所に移動。続いて「オーバーレイ」を
タップし、画像または動画を指定。

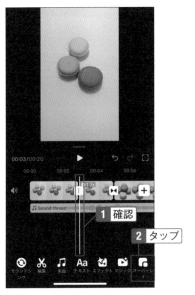

2 オーバーレイをピンチアウトしてサ
イズを調整する。その後「保存」を
タップ。

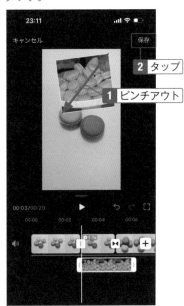

⚠ Check

オーバーレイを選択するには

編集画面の最初の画面（SECTION04-07の手順2）で、オー
バーレイの動画を削除したり、入れ替えたりなど、後から編集
をしたい場合は、吹き出しをタップします。

04-16

マジックで場面ごとに動きを付ける

動画に動きを簡単に付けたいときに設定しよう

動画や写真に動きを付けられるマジックという機能もあります。踊っている動画にズームやスイングの効果を付けるとさらにリズム感を演出することができます。簡単に設定できるので活用してください。

マジックを設定する

1 SECTION04-07の手順2で、「マジック」をタップ。

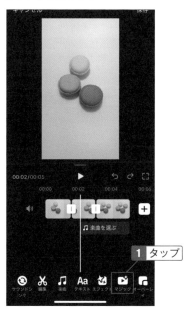

2 変化を付けたいクリップをタップし、マジックの種類をタップ。

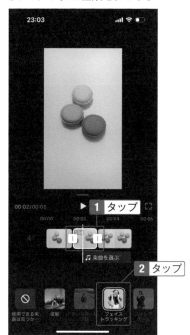

📖 Note

マジックとは

　マジックを使うと、クリップにズームやスイングなどの動きを簡単に付けることができます。曲に合わせて設定してみましょう。なお、写真用のマジックと動画用のマジックがあり、グレイアウトしているマジックは設定できません。

⚠ Check

マジックを解除するには

　マジックを設定したクリップをタップし、手順2で 🚫 をタップするとマジックが解除されます。

115

SECTION
04-17

グリーンスクリーンで
背景に動画や写真を入れて撮影する

海外のリゾート地や未来都市で撮影しているかのような動画も作れる

グリーンスクリーンを使うと、合成動画を作成できます。部屋の中が散らかっているときに、背景に任意の動画や写真を設定して撮影できます。

写真を背景にして動画を撮影する

1 撮影画面で、下部の「＋」をタップし、秒数を指定する。続いて「エフェクト」をタップ。

2 横にスワイプして、「GreenScreen」をタップし、任意のエフェクトを選択。ここではアバターを使うグリーンスクリーンを選択。

📝 Note

グリーンスクリーンとは

　背景や洋服などの合成ができるエフェクトです。たとえば、グリーンバックに海で撮影した動画を指定すれば、海にいるかのような動画を撮影できます。なお、エフェクトは随時更新されるため、解説と同じエフェクトがない場合は他のエフェクトを選択してください。

3 アバターをタップ。

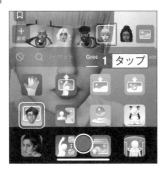

4 「＋」をタップして背景の画像を指定する。指定したら動画の部分をタップ。

⚠ Check

アバター

　自分の顔を映してかまいませんが、ここではアバターを使います。手順3で「新規」をタップし、カスタマイズしてアバターを作成することも可能です。

⚠ Check

GreenScreenに使用する写真

　正方形の写真では上下に黒い帯が入ってしまうので、動画と同じく9：16の写真がおすすめです。

5 「撮影」ボタンをタップして、インカメラ（自撮り）で撮影する。

6 合成されているような動画を撮影できる。

04

動画を編集しよう

SECTION

Keyword：デュエット

04-18

他のユーザーの動画を並べて撮影する

お気に入りのクリエイターとコラボしているかのような動画ができる

デュエットを使うと、他のユーザーの動画と並べて、踊ったり、解説したりなどができます。特に、海外ユーザーの投稿は、面白い動画がたくさんあります。いち早く見つけてデュエットしてみましょう。

デュエット動画を作成する

1 デュエットする動画の「シェア」をタップ。

2 「デュエット」をタップ。

3 「エフェクト」をタップ。

📝 Note

デュエットとは

クリエイターの動画と並べて投稿することができます。「他のユーザーが踊っている横で自分も踊る」といったことが可能です。ただし、デュエットを許可してない動画や13〜15歳のユーザーは使用できません。

118

4 使用したいエフェクトを選択。

5 どの位置に自分を表示するかを選択。

6 「撮影」ボタンをタップして撮影する。

7 必要に応じてテキストやステッカーを追加し、「次へ」をタップして投稿する。

04-19

他のユーザーの動画を組み合わせて撮影する

モノマネや動画の続きで視聴者を惹きつける

前のSECTIONのデュエットは、同時に並べて撮影しますが、リミックスを使うと、他のユーザーの投稿動画の後に自分の動画を入れることができます。動画の続きを工夫して撮影すれば面白い動画が作れます。

リミックス動画を作成する

1 動画の「シェア」をタップ。

2 「リミックス」をタップ。

> 📝 **Note**
>
> **リミックスとは**
>
> リミックスを使うと、撮影する動画の一部に他のユーザーの動画を入れることができます。他の人の動画の後に、自分も同じ動作を真似したり、動画の続きを演じたりしたいときに使います。なお、リミックスを許可しない動画や13〜15歳のユーザーは使用できません。

3 左または右の境界線をドラッグして、使用する場面を囲む。

1 ドラッグ

5.0 秒選択済み

4 「次へ」をタップ。

9:12

次へ

1 タップ

2.4 秒選択済み

5 時間を選択し、「撮影」ボタンをタップして撮影する。

10分　60秒　**15秒**　**1** タップ

00:03

2 タップ

エフェクト

カメラ

6 リミックス動画が完成する。「次へ」をタップして投稿する。

9:16

Aa

あなたのストーリーズ　次へ

1 タップ

04-20

横型動画を縦型で投稿する

スマホを横向きで撮影した動画を縦型で載せられる

TikTok動画のほとんどは縦型動画です。縦向きで撮り直すのが面倒なときは、編集機能で縦型にしてみましょう。トリミングすることになるので、必要な部分のみを見せるようにします。

縦型に変更する

1 動画をTikTokにアップロード後、画面右にある「編集」アイコンをタップ。

2 下部の「編集」をタップ。

3 下部のボタンをスライドして「カット」をタップ。

4 「9:16」をタップ。

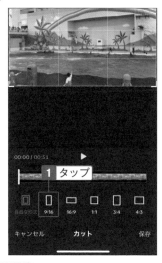

⚠ **Check**

動画をトリミングする

　横型を縦型にするため、両端をカットします。見せたい部分を映し出せるようにドラッグして調整してください。また、二本指でピンチアウトして拡大してもかまいません。

5 ドラッグして見せたい部分を枠内に収めて、「保存」をタップ。

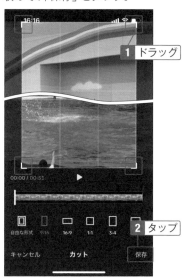

6 縦型の動画になった。

04-21

CapCut アプリで動画を編集する

TikTokの編集機能では足りないときに便利

TikTokアプリだけでも楽しい動画を作成できますが、他のユーザーとは少し違うオリジナルの動画を作成したい場合は、動画編集用のアプリを使いましょう。CapCutなら、TikTokと連携していますし、操作方法が似ているので使いやすいです。

Cat Cutを起動する

1 CatCutを開き、「＋」をタップ。

2 動画をタップし、「追加」をタップ。

📋 Note

CapCutとは

　CapCutは、TikTokと同じ中国のByteDance社の動画編集アプリです。スマホで簡単に高度な動画編集ができ、AI機能も優れています。TikTokと連携させることも可能です。ただし、商用利用ができず、素材やエフェクトも営利目的では使えません。パソコン版にはビジネス向けの「CapCut for Business」(https://www.capcut.com/business) があります。そちらを利用するか、他のアプリを使用してください。

楽曲を追加する

1 「オーディオ」をタップ。

1 タップ

2 「楽曲」をタップ。

1 タップ

3 使用する曲をタップし、「+」をタップ。

1 タップ　2 タップ

04 動画を編集しよう

4 楽曲を追加した。「<」をタップ。

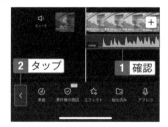

2 タップ　1 確認

⚠ Check

サイズを確認する

スマホを縦にした動画の場合はそのまま編集できます。ビデオカメラやタブレットなどで撮影した動画の場合は、手順1で「比率」をタップし、「9：16」を選択してください。

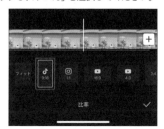

04-22

CapCutアプリで
リズム感のある動画を作成する

楽曲に合わせて動画や写真を自由に動かせる

ここでは、CapCutアプリを使って、楽曲に合わせて動画を編集する方法を説明します。TikTokのエフェクトではオリジナリティを出せないという人はチャレンジしてください。

特殊効果を付ける

1 前のページの手順1で「エフェクト」をタップ。

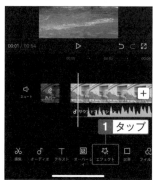

2 タイムラインをドラッグし、効果を付けたい部分に再生ヘッドを移動して「動画エフェクト」をタップ。

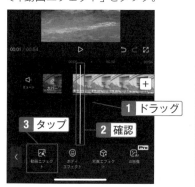

⚠ Check

CapCutのエフェクト

CapCutには豊富なエフェクトがあります。有料版にするとさらに選択肢が増えるので、足りない場合は検討してください。

3 タブでグループ分けされている。好みのエフェクトをタップし、「チェック」をタップ。ここでは「ベーシック」の「ズーム」を選択する。

4 追加したエフェクトの両端をドラッグして長さを指定する。「再生」ボタンをタップして確認し、「<<」をタップ。その後「<」をタップして戻る。

💡 **Hint**

写真エフェクト

　写真の場合は、手順2で「写真エフェクト」をタップして写真に効果を付けることが可能です。

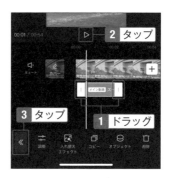

動きを付ける

1 「編集」をタップ。

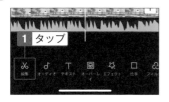

2 音楽に合わせて変化を付けたい箇所に再生ヘッドを移動し、「キーフレーム」ボタンをタップ。

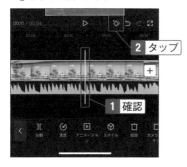

📝 **Note**

キーフレームとは

　キーフレームは、位置を指定して動きを付けられる機能です。ここでは動画を傾けるためにキーフレームを付けます。分割する際にも、まとめてキーフレームを付けておき、印をつけた位置で「分割」をタップするとやりやすいです。

3 ◇が付く。同様に他の2箇所にもキーフレームを付ける。

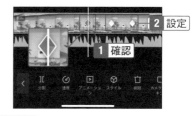

⚠️ **Check**

キーフレームを解除するには

　削除するキーフレームをタップし、再度「キーフレーム」ボタンをタップします。

4 2番めのキーフレームをタップ。続いて二本指を使ってピンチインして小さくし、左に傾ける。

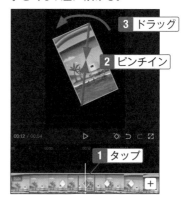

5 3番目のキーフレームをタップし、二本指でピンチインして右に傾ける。

3 ドラッグ

2 ピンチイン

1 タップ

6 1番目のキーフレームをタップし、「アニメーション」をタップ。

1 タップ

2 タップ

7 任意のアニメーションをタップ。ここでは「回転」を選択。

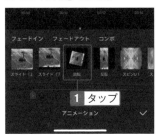

1 タップ

⚠ Check

アニメーションの選び方

　曲のリズムに合わせて、アニメーションを選択しましょう。たとえば、「ズームを素早く3回繰り返す」「ゆっくりと回転させる」などがあります。

8 スライダをドラッグして速度を調節できる。再生して確認したら「チェック」をタップ。その後「<」をタップして戻る。

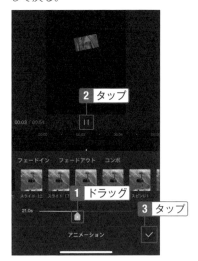

2 タップ

1 ドラッグ

3 タップ

⚠ Check

アニメーションを解除するには

　設定したアニメーションを解除するには、キーフレームをタップし、「アニメーション」をタップして、一番左の「なし」をタップします。

アニメーションの文字を入れる

1 タイムラインをドラッグし、文字を入れる部分に再生ヘッドを移動し、「テキスト」をタップ。

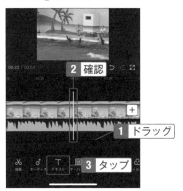

2 「テキストを追加」をタップ。

3 文字を入力し、「エフェクト」をタップして選択。

4 「アニメーション」をタップし、アニメーションの種類を選択して「チェック」をタップ。

5 ピンチアウトしてサイズを調整し、「<<」と「<」をタップして戻る。

ダウンロードする

1 「再生」をタップして確認する。

2 画面右上の「エクスポート」ボタンをタップ。

⚠ Check

エクスポート

　作成した動画をダウンロードする際には「エクスポート」をタップします。サイズを小さくしたい場合は、右上の「1080P」をタップした画面で解像度を下げてください。また、フレームレート（1秒当たりの画像数）も設定できますが、少なすぎるとカクカクした動きになるので気を付けましょう。

3 エクスポートした。

⚠ Check

CapCutのロゴを消すには

　動画の最後にCapCutのロゴが入ります。削除したい場合は、タイムラインの最後のロゴのクリップをタップし、「削除」をタップします。また、常に非表示にするには、SECTION04-21の手順1の右上にある「設定」ボタンをタップし、「デフォルトの編集を追加」をオフにします。

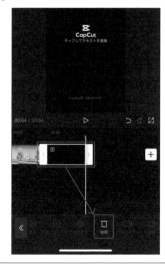

LIVE配信で
ファンを増やそう

SECTION02-16でLIVE配信の視聴方法を紹介しましたが、一定の条件を満たせば配信者になることができます。生放送なので視聴者との交流が深まりますし、フォロワーを増やせるきっかけにもなります。また、視聴者から贈られるギフトは収益になるので、積極的に配信しましょう。

05-01

LIVE配信をする

ユーザーとの距離感が近く、ファンを増やせる

LIVE配信は、リアルタイムで視聴者と交流ができる機能です。歌を歌ったり、話をしたり、ゲーム実況をしたり、アイデア次第でいろいろなパフォーマンスができます。また、視聴者からギフトをもらうことができ、収益の楽しみもあります。

LIVE配信の準備をする

1 「＋」をタップ。

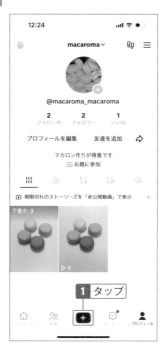

2 「LIVE」をタップ。

📓 Note

LIVE配信とは

　LIVE配信は、他のユーザーとリアルタイムでやり取りができる配信のことです。フォロワーが500人前後になると配信できようになります。ファンを増やせるだけでなく、ユーザーからもらうギフトを換金して収入を得られるという楽しみもあります。なお、18歳未満は、LIVE配信はできません。

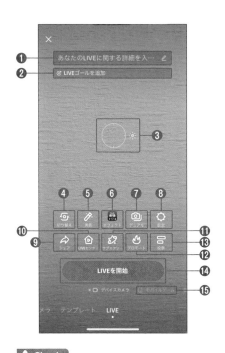

❶ タップすると、タイトルやカバー、ト ピックを設定できる
❷ LIVEの目標を設定する
❸ タップしてピントを合わせると明るさの 調整ができる
❹ インカメラとアウトカメラを切り替える
❺ 美肌加工ができる
❻ エフェクトを設定できる
❼ インカメラとアウトカメラの両方を表示 させて配信ができる
❽ 配信の設定ができる
❾ SNSなどで配信を紹介するときにタッ プする
❿ LIVEセンターを表示する
⓫ サブスクを利用している場合に設定でき る
⓬ 宣伝ができる(ステージ2完了の場合)
⓭ 投票ができる(ステージ2完了の場合)
⓮ タップしてLIVEを開始する
⓯ 条件を満たしている場合にモバイルゲー ムの配信ができる

⚠ Check

配信者成長プログラム

LIVE配信にはステージがあり、条件を満たすとレベル アップします。たとえば、ステージ1を完了すると音声エ フェクトやステッカー、宝箱の設置ができるようになります。 ステージ2を完了すると、コラボ配信やゲストの招待ができ るようになります(執筆時点)。

⚠ Check

LIVEのアイコン

LIVEごとにアイコンを設定する と、LIVE分析の一覧に表示される ので(SECTION05-11)、どのLIVE かがすぐにわかります。

配信を開始する

1 「切り替え」をタップして、インカメ ラかアウトカメラかを選択。必要で あれば美肌とエフェクトをタップし て設定する。

⚠ Check

解説の画面と違う

執筆時点での画面で解説しています。アッ プデートにより画面が異なる場合があります。

2 ✎をタップしてタイトル、カバー、ジャンルを設定。

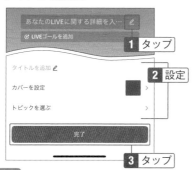

3 「LIVEを開始」をタップ。

📓 Note

トピックとは

　LIVE内容のジャンルのことです。ジャンルを選択することで、必要としているユーザーの目にとまりやすくなります。

LIVE中の画面

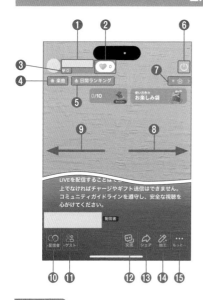

❶自分の名前が表示される

❷チームの数

❸いいねの数

❹開始前に設定したジャンルが表示される

❺タップすると、TikTok LIVEのランキングが表示される

❻配信を終了するときにタップする

❼タップすると視聴数や新規フォロワーなどのリアルタイムのパフォーマンスが表示される

❽画面を右にスワイプするとコメントを読める

❾左にスワイプするとリアルタイムのパフォーマンスが表示される

❿コラボするときにタップする（条件をクリアすると使用できる）

⓫ゲストを招待するときにタップする（条件をクリアすると使用できる）

⓬Q＆Aや投票をしたいときにタップする

⓭他のSNSでシェアする

⓮開始後に美肌、エフェクト、楽曲、サウンドエフェクト、デュアルの設定ができる

⓯一時停止や音声のミュート、LIVEの設定をするときにタップする

⚠ Check

LIVE配信で心がけること

　視聴者への挨拶は大事です。「〇〇さん、こんにちは」と話しかけてみましょう。また、ギフトをもらったときはお礼を言いましょう。

設定画面を表示する

1 「もっと…」をタップ。

2

❶**すてきなコメントを書く**：コメントを書き込める

❷**切り替え**：アウトカメラとインカメラを切り替える

❸**動画をミラーリング**：自撮りの場合に左右反転させる

❹**ギフト**：ギフトを送信する

❺**サブスクリプションツール**：サブスクを利用している場合に設定できる

❻**お楽しみ袋**：コインが入ったお楽しみ袋を設置できる

❼**宝箱**：コインを入れた宝箱を送信する

❽**LIVEを一時停止**：一時的に配信を停止できる

❾**マイクをミュート**：消音したい場合はタップしてオン（緑色）にする

❿**設定**：LIVEの設定ができる

視聴者を18歳以上限定にするには

成人向けの内容の場合は、18歳未満は視聴できないように設定しましょう。「設定」をタップし、「視聴者の管理」をタップしてオンにします。

配信を終了する

1 右上の ⏻ をタップ。

2 「今すぐ終了」をタップ。

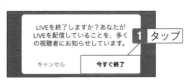

05

LIVE配信でファンを増やそう

05-02

一時的に配信を停止する

トイレに行くときや家族に呼ばれたときに中断できる

長時間の配信は、なかなか大変です。途中で休憩を取りたい時には一時停止することができます。ただし、5分を過ぎると LIVE 配信が終了します。せっかく集まった視聴者が離れてしまうので気を付けてください。

LIVE を一時停止する

1 LIVE配信中の画面で「もっと…」をタップ。

2 「LIVE を一時停止」をタップ。

3 停止した。

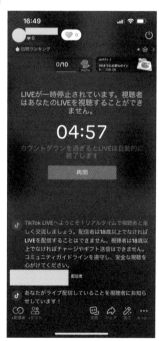

> ⚠ **Check**
>
> ### LIVE の一時停止
>
> 配信中に、5分間停止することができます。再開するときには「再開」をタップします。カウントダウンが過ぎると自動的にLIVEが終了します。

05-03

音声をミュートする

くしゃみをするときや鼻をかむときは消音する

LIVE配信なので基本的に音声が必要ですが、音声無しで配信したい場合は消音にすることが可能です。一時的に消音することも可能です。ミュートを解除するときは簡単にできます。

ミュートする

1 LIVE配信中の画面で「もっと…」をタップ。

2 「マイクをミュート」をオンにする。

3 下部のスライダをタップするとミュートを解除できる。

05-04

デュアル配信をする

前面カメラと背面カメラを一度に映し出して配信できる

たとえば、「前方の景色を映しながら自分の顔を映したい」というとき、デュアル配信を使うと両方の画面を映して配信ができます。LIVE配信ができるユーザーならだれでも使うことができます。

配信前にデュアル配信を設定する

1 「デュアル」をタップ。

2 タップしてアウトカメラとインカメラどちらを主にするか選択。続いて小窓の形状を選択。

> **Note**
>
> **デュアル配信とは**
>
> 　スマホの前面と背面のカメラを同時に使用して配信ができる機能です。LIVEを開始してから途中でデュアルに変えることもできます。背景をメインにすることも自分の顔をメインにすることも可能です。

3 小窓をドラッグして位置を調整し、「LIVEを開始」をタップ。

4 デュアル配信が始まった。小窓を
タップすると、アウトカメラとイン
カメラが切り替わる。

1 タップ

配信中にデュアル配信をオフにする

1 「加工」をタップ。

1 タップ

2 「デュアル」をタップ。

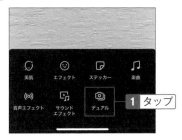

1 タップ

Hint

配信の途中でデュアル配信に切り替えるには

反対に途中でデュアル配信にする場合は、手順3で「長方形」または「丸」を選択します。

3 「なし」をタップ。

1 タップ

05-05

配信中の管理者を設定する

助っ人がいれば安心してLIVE配信ができる

配信中は、歌やおしゃべりに集中しているので、管理が行き届かなくなります。突然不愉快なコメントを書かれることもあります。そのようなときに困らないように、モデレーターを設定しましょう。

モデレーターを設定する

1 LIVE開始前の画面で「設定」をタップし、「モデレーター」をタップ。

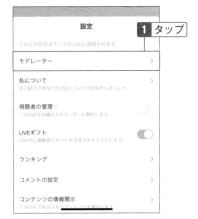

2 「モデレーターを追加」をタップして、次の画面でモデレーターをタップ。

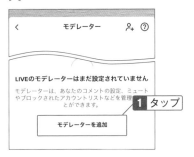

📋 **Note**

モデレーターとは

　モデレーターとは、ライブ配信で配信者のサポートをする人のことです。最大20名までのモデレーターを指名でき、誹謗中傷のコメントや悪質な投稿者をミュートする権限を与えることができます。

3 アクセス権を設定し、「確認」をタップ。

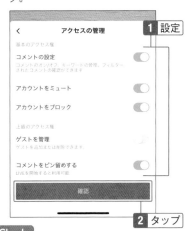

⚠️ **Check**

配信中にモデレーターを設定するには

　配信中にモデレーターを追加する場合は、「もっと…」→「設定」→「モデレーター」で設定します。

05-06

LIVE中のコメントを制限する

楽しく配信するために、コメント対策をしよう

TikTokユーザーの中には、配信者の気持ちを考えずにコメントする人もいます。気にしないのが一番ですが、何度も続くと悲しい気持ちになります。他の視聴者も落ち込むかもしれません。そうならないためにもコメントのフィルター機能を設定しましょう。

コメントのフィルターを設定する

1　LIVE開始前の画面で「設定」をタップし、「コメントの設定」をタップ

2　「コメントをフィルター」をタップ。

3　チェックを付ける。

⚠ Check

コメントの設定

　LIVE中に、心無いコメントを付ける人もいます。気になる場合は、手順3でチェックを付けて、過去に違反を認めたコメントと似ているものを除外するようにしましょう。

05-07

LIVEイベントを作成する

LIVE配信を決めたら宣伝しよう

気軽にLIVE配信を開始することができますが、いきなりはじめても多くの人に見てもらえないので、イベントを作成して宣伝しましょう。審査がありますが、規約に違反していなければ通過できます。

イベントを告知する

1 「プロフィール」→「設定とプライバシー」をタップ。

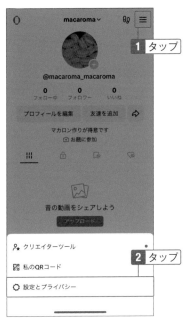

2 「LIVE」をタップ。

3 「LIVE Events」をタップ。

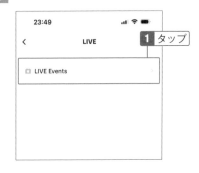

📋 **Note**

LIVEイベントとは

　LIVEイベントを作成すると、視聴者にライブを行う日時を事前に知らせることができます。イベントの通知は、プロフィール画面の自己紹介の下に表示されるので、視聴者はタップして登録ができます。

4 「イベントを作成」をタップ。

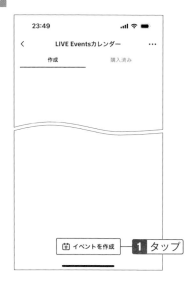

23:49

LIVE Eventsカレンダー ...

作成　　　　　購入済み

📷 イベントを作成 ── **1** タップ

5 イベント名を入力し、「開始時刻」を
タップ。

イベントを作成

イベント内容の詳細を紹介しましょう。イベントが
作成されると、審査に送られます。

イベント名　　　　　　　6/32

マカローマ談 ── **1** 入力　　**2** タップ

開始時刻

説明　　　　　　　　　0/200

6 日にちを設定して「次へ」をタップ。

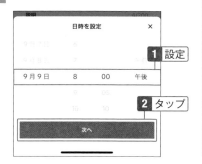

日時を設定　　　　×

── **1** 設定

9月9日　8　00　午後

── **2** タップ

次へ

7 配信時間を設定し、「保存」をタップ。

イベントの配信時間を設定　×

── **1** 設定

1　時間　0　分

── **2** タップ

保存

8 説明を入力して「作成」をタップ。審
査を通過すると告知される。

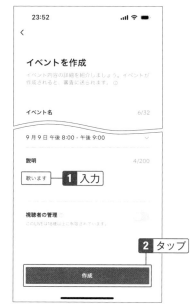

23:52

イベントを作成

イベント内容の詳細を紹介しましょう。イベントが
作成されると、審査に送られます。

イベント名　　　　　　　6/32

9月9日 午後8:00 - 午後9:00

説明　　　　　　　　　4/200

歌います ── **1** 入力

視聴者の管理

このLIVEは18歳以上に制限されています。

── **2** タップ

作成

05-08

ランキングに参加する

ランキングに参加して上位を目指そう

LIVE配信画面の左上にあるランキングのアイコンをタップすると、TikTok内の日間ランキングや急上昇ランキングを見ることができます。フォロワーが少なくても急上昇中に掲載されるので積極的に参加しましょう。

LIVEクリエイターランキングを設定する

1 配信前の画面で「設定」をタップし、「ランキング」をタップ。

2 「LIVEクリエイターランキング」をオンにする。

📋 Note

ランキングとは

　視聴者からの投げ銭やコメントなどによってランキングが決まります。ランキング上位に表示されるとますますファンが増えるので、慣れてきたらランキングに参加して上位を目指しましょう。

宣伝であることを開示する

商用利用する人は設定を忘れずに

自社商品やサービスを宣伝する目的にLIVE配信をする場合には、コンテンツの情報開示の設定が必要です。企業案件でなくても個人のビジネス目的であれば記載する必要があるので忘れないようにしましょう。

コンテンツの情報開示を設定する

1 配信前の画面で「設定」をタップし、「コンテンツの情報開示」をタップ。

2 「LIVEコンテンツの情報を開示」をタップしてオンにし、自分のビジネスか第三者の宣伝かを選択し、「保存」をタップ。

⚠ Check

コンテンツの情報開示

自社の商品やサービスを配信で紹介する場合は、視聴者にその旨を伝える必要があります。情報開示設定をオンにすると、投稿または動画の説明の下に、商用であることが記載されます。情報開示しない場合、制限または削除されるので気を付けてください。

05-10

LIVE配信でゲーム実況をする

ゲームをプレイしながらユーザーと交流しよう

TikTokでは、ゲームの配信も簡単にできます。フォロワーが1000人以上いないと開始できませんが、ゲーム実況はフォロワーを増やしやすいですし、ナイスプレイのときはギフトが贈られてきます。普段ゲームを楽しんでいる人は利用してみると良いでしょう。

ゲーム配信をする

1 下部の「＋」をタップし、「LIVE」を
タップして「モバイルゲーム」を
タップ。

⚠ Check

モバイルゲーム配信

　ゲームの実況中継をする場合は、「モバイルゲーム」から配信します。フォロワーが1000人以上の場合に利用でき、利用可能な場合は、手順2の後に申請画面が表示されるので「申し込む」ボタンをタップします。

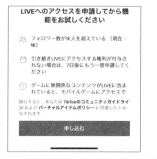

2 タイトルを入力。「トピックを追加
する」をタップし、プレイするゲー
ムを選択。

3 「LIVEを開始」をタップ。

1 タップ

⚠ Check

モデレーターやコメントの設定をする には

　ゲーム配信の場合も、手順3で「設定」を タップして、モデレーターの指定やコメントの 設定が可能です。

4 「ブロードキャストを開始」をタップ。

1 タップ

5 カウントダウンの間にゲームを開く。

05

LIVE配信でファンを増やそう

6 配信が開始する。🔳 をタップすると TikTokの画面に戻る。

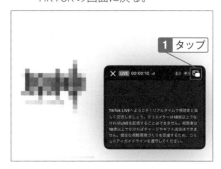

1 タップ

05-11

LIVEを分析する

フォロワーや視聴回数を増やしたい人はチェックしよう

TikTokに限りませんが、収益を獲得したい人や、企業や店舗のアカウントの場合は、配信の分析は重要です。データを分析して、より充実したアカウントにしましょう。分析画面は、LIVEセンターにあります。

LIVEセンターを開く

1 「プロフィール」画面右上の☰をタップし、「クリエイターツール」をタップ。

2 「LIVEセンター」をタップ。

⚠️ Check
画面が違う
アップデートにより解説画面が異なる場合があります。

⚠️ Check
LIVEの分析
LIVE分析の画面を見ると、LIVE配信をどのくらいのユーザーが見ていたか、フォロワーは増えたかなどを把握できます。内容によっては、視聴回数が増減することもあり、増加していれば、その内容の配信を増やします。減った場合は、内容や態度、発言を見直してください。

3 LIVE センターが表示される。「LIVE 分析」をタップ。

4 「概要」タブには視聴者数やフォロワーのアクティブ時間がグラフで表示される。

Note

ダイヤモンドとは

　LIVE で視聴者からギフトを受け取ることでダイヤモンドを収集できます。ダイヤモンドは、現金またはバーチャルアイテムとして受け取れます。

5 右上の「v」をタップして期間を指定できる。

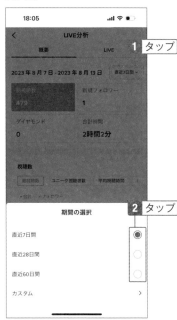

6 「LIVE」タブをタップし、各LIVE をタップすると詳細が表示される。「最多ダイヤモンド数」または「最多視聴数」をタップして絞り込める。

05

LIVE配信でファンを増やそう

05-12

他のユーザーとコラボしたり、招待する

ゲストを招待したり、コラボすればお互いのファンが見に来てくれる

他のユーザーをゲストとして LIVE に招待することができます。また、コラボ配信では、他のユーザーと同時に映し出して配信することが可能です。お互いのファンが集まってきて相乗効果があるので積極的に利用しましょう。

ゲストを招待する

1 「ゲスト」をタップ。

2 視聴者の一覧が表示されるので招待する友達をタップ。

💡 Hint

ゲストを LIVE に招待する

視聴者がゲストのリクエストを送信したり、配信者がユーザーをゲストとして招待したりできます。招待された人は音声モードまたは動画モードで参加します。なお、配信者成長プログラムのステージ 2 を完了しないとゲストを招待できません。

3 招待された人ははにはDMが届くので
タップすると参加できる。

557フォロー中・1019フォロワー

午後12:21

LIVE配信中

💡 Hint

マルチゲストの表示方法

　手順2の右端にある ⚙ をタップし、「パネ
ル」「グリッド」「固定レイアウト」から選択でき
ます。自分をメインにする場合は「パネル」、ゲ
ストも目立たせたい場合は「グリッド」、レイア
ウトを固定する場合は「固定レイアウト」を選
択します。

< 　　　　　　　設定

レイアウト

⬜ パネル　　　　　⊞ グリッド

固定レイアウト
参加人数に関係なく、レイアウトは変わりません。

コラボ配信を開始する

1 配信の画面左下にある「配信者」を
タップ。

♥ 0

🏆 日間ランキング

0/10

TikTok LIVEへようこそ！リアルタイムで視聴者と楽
しく交流しましょう。配信者は18歳以上でなければ
LIVEを配信することはできません。視聴者は18歳以
上でなければチャージやギフト送信はできません。
コミュニティガイドラインを遵守し、安全な視聴を
心がけてください。

1 タップ

配信者

配信者　ゲスト　　　交流　シェア　加工　もっと

2 コラボするユーザーを選んで招待を
送信する。

クリエイターとコラボ配信　　　　⚙

クイック招待
おすすめのクリエイターとコラボ配
信して、新しい友達を作りましょう

送信

友達 (0)

知り合いかも

1 タップ

招待する

おすすめのクリエイター

招待する

参加する

💡 Hint

コラボ配信

　コラボ配信は、他のユーザーと画面を並べて配信ができます。コラボできるのは、相互フォローしてい
る友達、またはTikTokからおすすめされた配信者です。なお、コラボ配信も、配信者成長プログラムがス
テージ2にならないとできません。

05-13

LIVE配信の動画を
再生またはダウンロードする

ダウンロードすればLIVE配信の録画を後から見ることができる

LIVE配信後に、どんな風に映っていたかが気になるときもあるでしょう。実は、後から
LIVEの視聴ができます。ダウンロードも可能です。ただし、期間は30日なので早めにダ
ウンロードしてください。

配信をダウンロードする

1 画面右上の☰をタップし、「クリエ
イターツール」をタップ。その後
「LIVEセンター」をタップ。

2 スワイプして「リプレイ」をタップ。

3 タップして再生できる。「ダウンロー
ド」をタップすると保存できる。

⚠ **Check**

LIVEのダウンロード

LIVE配信は、30日間録画されています。30
日を過ぎるとダウンロードできなくなるので、
早めに保存しておきましょう。

パソコンでも
TikTokを利用しよう

スマホで楽しめるTikTokですが、実はパソコンでも視聴や投稿ができます。パソコンなら大画面で視聴できますし、コメントも入力しやすいです。ウィンドウを並べて、他のアプリを操作しながら視聴することもできます。また、スマホと同時にログインすることも可能です。

06-01

パソコンでTikTokを使用する

QRコードを使って簡単にログインできる

パソコンでTikTokを使う場合は、ブラウザでTikTokのサイトにアクセスするだけです。ログインする場合も、スマホがあればQRコードで簡単にでき、パスワードを入力する必要もないので見たい動画をすぐに視聴できます。

パソコン版TikTokにログインする

■ パソコンでTikTok「https://www.tiktok.com/ja-JP/」にアクセスし、「ログイン」をクリック。

② 「QRコードを使う」をクリック。

Hint

パソコンでのログイン方法

ここでは、QRコードを使用しますが、登録している電話番号やメールアドレスでもログイン可能です。また、他のアプリと連携していれば、そのアプリのアカウントでログインできます。

③ QRコードをスマホで読み取る。

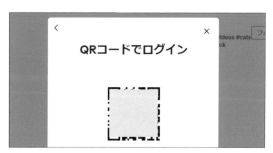

4 スマホに表示される「確
認」をタップすると、パソ
コンでログインされる。

PC版TikTokでログインを確認してくださ
い

アカウントの管理、通知の確認、動画へのコメントを付
えるようになります。

確認　　　━━━━　1 タップ

5

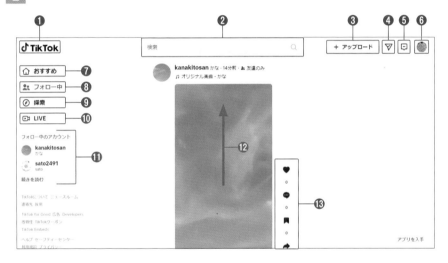

❶TikTok：クリックするとTikTokのホーム (おすすめ) 画面が表示される。
❷検索ボックス：キーワードを入力して検索できる
❸アップロード：クリックして動画をアップロードする
❹メッセージ：ユーザーからのメッセージが表示される
❺通知：コメントやフォローされたときに通知が表示される
❻アイコン：プロフィール画面やセーブ済み動画、設定画面などを表示する
❼おすすめ：おすすめの動画を視聴できる
❽フォロー中：フォローしているユーザーの動画を視聴できる
❾探索：ダンスやスポーツなどの種類別で動画を探せる
❿LIVE：LINE配信を視聴できる
⓫フォロー中のアカウント：フォローしているユーザーが表示される
⓬キーボードの↓や↑を使うか、マウスのホイールでスクロールすると次の動画を視聴で
きる
⓭いいねやコメントを付けられる

06

パソコンでもTikTokを利用しよう

155

06-02

パソコンで動画を視聴する

仕事をしながらでも視聴できる

パソコンを使うメリットは、画面が大きいだけでなく、ウィンドウを並べられるという点もあります。左側にTikTok、右側にYouTubeを並べることも可能です。もちろんLIVE配信も視聴できます。

動画を視聴する

1 画面をポイントするとボタンが表示される。ミュートにする場合は 🔊 をクリック。

> ### 💡 Hint
>
> **ミュートのショートカットキー**
>
> キーボードの【M】キーを押すと消音にできます。再度【M】を押すとミュートを解除します。

2 停止する場合は、Ⅱ をクリック。

3 「おすすめ」の動画は、「フォローする」をクリックするとフォローできる。動画をクリック。

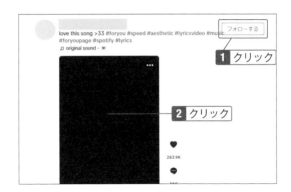

love this song >33 #foryou #speed #aesthetic #lyricsvideo #music #foryoupage #spotify #lyrics
♫ original sound - ₩

フォローする
1 クリック

2 クリック

283.9K

4

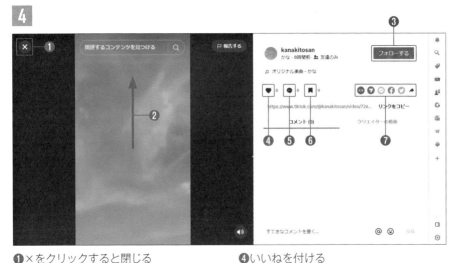

kanakitosan
かな · 8時間前 · 友達のみ

フォローする ③

♫ オリジナル楽曲 - かな

https://www.tiktok.com/@kanakitosan/video/726... リンクをコピー

コメント (0)　　　　クリエイターの動画

④ ⑤ ⑥　　　　⑦

すてきなコメントを書く…

❶×をクリックすると閉じる
❷キーボードの↓や↑を使うか、マウスのホイールで次の動画を視聴できる
❸フォローする

❹いいねを付ける
❺コメントを付ける
❻セーブする
❼SNSやメールでシェアができる

5 手順1で「LIVE」をクリックするとLIVE配信を視聴できる。

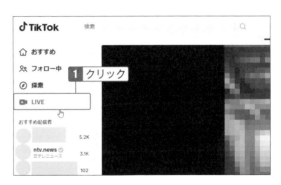

♪ TikTok　検索

⌂ おすすめ
🗠 フォロー中
⊘ 探索
▶ LIVE　　**1** クリック

おすすめ配信者

5.2K

ntv.news ✓
日テレニュース　3.1K

102

06
パソコンでもTikTokを利用しよう

157

06-03

パソコンでいいねやコメントを付ける

スマホと同様にいいねやコメントを付けられる

パソコン版でも、ログインしていれば他のユーザーの動画にいいねやコメントを付けることができます。友達の動画を見て回るときには、「いいね」のショートカットキーを使うと便利です。

いいねとコメントを付ける

1 いいねを付けるときは「ハート」をクリック。コメントを付けるときは「コメント」をクリック。

💡Hint

いいねのショートカットキー

キーボードの【L】キーを押すといいねを付けられます。再度【L】キーを押すと解除できます。

2 コメントボックスに入力し、「送信」をクリック。

💡Hint

いいねを付ける

手順2の画面で「ハート」をクリックしてもいいねを付けられます。

06-04

パソコンで動画を登録する

何度でも見たい動画はセーブしよう

SECTION02-11 で、スマホで動画をセーブする方法を紹介しましたが、パソコン版でも簡単にセーブできます。パソコンでセーブした動画をスマホで見ることも可能です。反対にスマホでセーブした動画をパソコンでゆっくり見るということもできます。

動画をセーブする

1 保存したい動画の「セーブ」アイコンをクリック。

⚠ Check

動画の保存

後から再度見たいと思ったときに保存をしておくと便利です。前のSECTIONの手順2の画面で「セーブ」アイコンをクリックしても保存できます。

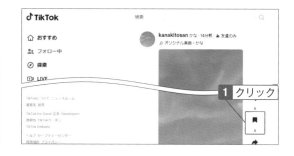

2 画面右上のプロフィールアイコンをクリックし、「セーブ済み」をクリック。

3 保存した動画一覧が表示される。

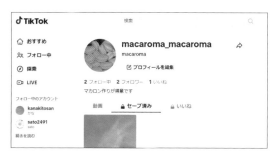

06-05

パソコンで動画をシェアする

友達に見せたい動画をパソコンからシェアできる

パソコンでTikTokの動画を見ていて、友達に紹介したいと思ったとき、ログインしていればそのままシェアすることが可能です。パソコンでFacebookやX（旧Twitter）使っている人は特に便利です。

友達に動画を紹介する

1 ➤ をクリックし、「友達に送信」をクリック。

2 クリック

1 クリック

🔎 Hint

動画のシェア

手順1で「v」をクリックすると、X（旧Twitter）やFacebookに送信できます。メールで送信する場合は「Share to Email」を選択します。なお、SECTION06-03の手順2の画面でもシェアできます。

2 送信先をチェックし、メッセージを入力して「送信」をクリック。

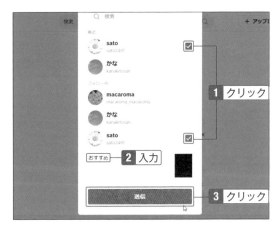

1 クリック

2 入力

3 クリック

⚠ Check

シェアするときの注意

シェアする際にリンクにユーザー名が入ります。TikTokアカウントを知られたくない場合は気を付けてください。

SECTION

06-06

パソコンで動画を投稿する

パソコンの動画編集アプリで編集した動画を投稿できる

パソコンの動画編集アプリで動画を編集している人もいるでしょう。完成した動画は、わざわざスマホに送信しなくても、パソコンの画面から投稿することが可能です。パソコンの場合は予約投稿ができるので、視聴者が多い時間を指定して投稿できるというメリットがあります。

動画を投稿する

|1| 「アップロード」をクリック。

|2| 「ファイルを選択」をクリックし、動画を選択。

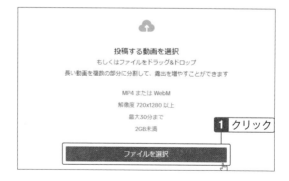

⚠ Check

投稿可能な動画

　パソコンの場合は、編集しているうちにファイルサイズが大きくなるので気を付けてください。2GB未満のMP4、AVI、WEBM、MOV形式、解像度720x1280以上の動画を、最大10分まで投稿可能です。2GB以上の動画をアップロードしようとすると警告メッセージが表示されます（執筆時点）。

161

3 「動画を編集」をクリック。

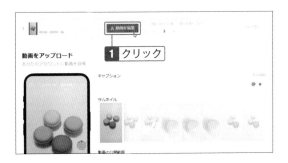

4 楽曲をポイントして「使う」をクリック。その後右上の「編集を保存」をクリック。

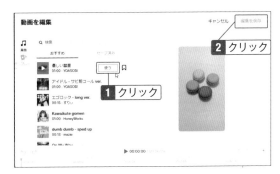

💡 Hint

動画を分割するには

手順4の画面下部にあるタイムラインで、動画を分割したり、一部をカットしたりできます。

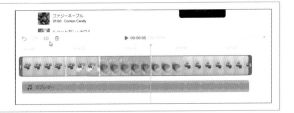

5 説明を入力し、サムネイルを選択。

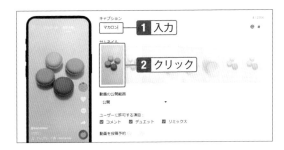

6 公開範囲を設定し、「投稿」
をクリック。

🔍 **Hint**

予約投稿をする

　パソコン版の場合、日時を指定して投稿することが可能です。手順6で「動画を投稿予約」をオンにして日時を設定します。ただし、指定できるのは10日後までです。

投稿動画を見る

1 画面右上のプロフィール
アイコンをクリックし、
「プロフィールを見る」を
クリック。

2 「動画」タブに、投稿動画
の一覧がある。

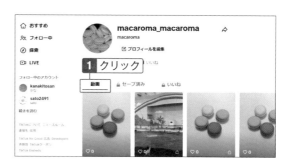

🔍 **Hint**

編集機能が少ない

　パソコン版TikTokは、編集機能が少ないので、SECTION04-21で説明したCapCutアプリのパソコン版や有料の動画編集ソフトを利用しましょう。

06-07

パソコンからメッセージを送る

フォローしてくれた人や友達に直接メッセージを送れる

パソコンでもダイレクトメッセージを送信できます。長文の場合、キーボード入力に慣れている人は、パソコンの方が入力しやすいでしょう。相手のプロフィール画面を表示している場合は、メッセージボタンから送れます。

ダイレクトメッセージを送信する

1 画面右上の「メッセージ」ボタンをクリック。

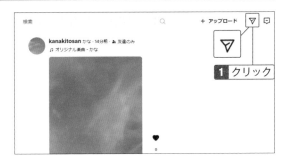

2 メッセージを送る相手をクリックし、メッセージを入力して「送信」ボタンまたはキーボードの【Enter】キーを押す。

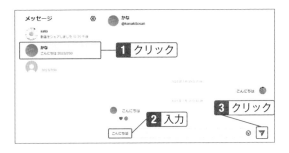

💡 Hint

メッセージの送信

フォローしているユーザーの場合は、そのユーザーのプロフィール画面で、ユーザー名の下にある「メッセージ」をクリックして送信できます。フォローしてないユーザーの場合は […] をクリックし、「メッセージを送信」をクリックして送信することができます。

06-08

パソコンで通知を確認する

さまざまな通知を絞り込むと見つけやすい

メッセージやコメント、フォローが付いたときに通知の一覧に表示されますが、さまざまな通知が表示されるので探すのが大変なときがあります。そのようなときは絞り込みましょう。

通知を絞り込んで読む

1 画面右上の「通知」アイコンをクリック。

> **⚠ Check**
>
> **通知の見方**
>
> いいねやフォロワーが付くと通知が届きます。いろいろな通知が混在しているので、上部のタグをクリックして絞り込んでください。

2 「いいね」や「フォロワー」をクリックして絞り込める。

06-09

パソコンでゲーム実況をする

LIVE Studioをインストールすればパソコンの画面を映し出せる

SECTION05-10では、スマホでゲーム実況をする方法を解説しました。ここではパソコンで使う方法を解説します。ゲームだけでなく、パソコンの操作説明の動画にも使えます。

LIVE Studioをインストールする

1 画面右上のプロフィールアイコンをクリックし、「LIVE Studio」をクリック。

2 「ダウンロード」をクリック。

⚠ Check

「LIVE Studio」のインストール

パソコンで「LIVE Studio」を使う場合は、アプリをダウンロードする必要があります。手順2でダウンロードしたら、ダブルクリックして実行します。ウィザードが表示されるので画面の指示に従ってインストールしてください。なお、LIVE配信がまだ使えないアカウントは「LIVE Studio」を選択できません。

3 ダウンロードしたファイルをダブルクリックしてインストールする。

1 ダブルクリック

LIVE Studioを起動する

1 TikTok LIVE Studioを起動し、「今すぐ設定」をクリック。

⚠ **Check**

ログインしていない場合

TikTokにログインしていない場合は、「ログインしてはじめる」をクリックして、QRコードなどでログインしてください。

1 クリック

2 マイクとカメラが接続されていることを確認し、下部の「Next」をクリック。

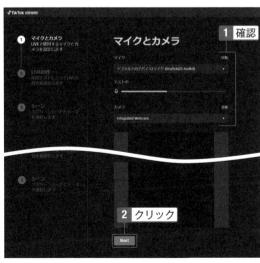

1 確認

2 クリック

3 インターネットの速度を
テストし、「OK」をクリック。

4 LIVEの質を調整し、下部
の「次へ」をクリック。

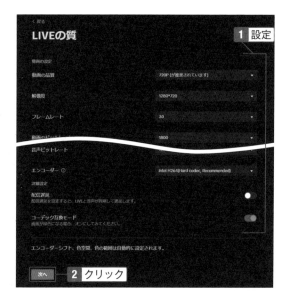

5 スクリーンを縦向きにす
るか横向きにするかを選
択し、「テーマ」を選択。下
部の「完了」をクリック。

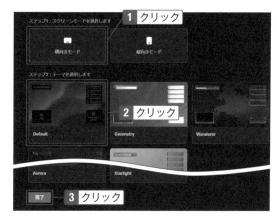

6 「開始」をクリック。

7 配信するゲームが横向き
モードか縦向きモードか
を左上で選択。「ソースを
追加」をクリックし、「ゲー
ムキャプチャ」をクリック
して「追加」をクリック。

8 ▼をクリックしてゲーム
を選択し、「ソースを追加」
をクリック。

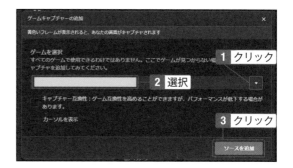

9 左側で追加したゲームを
選択。「トピック」をクリッ
クしてジャンルを選択。カ
バー画像やタイトルなど
を設定して、「LIVEを開
始」をクリック。

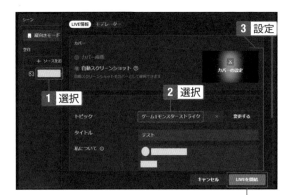

10 開始した。終了するとき
は、右下の▼をクリックし
て「終了」をクリック。
メッセージが表示された
ら「LIVEを終了」をク
リック。

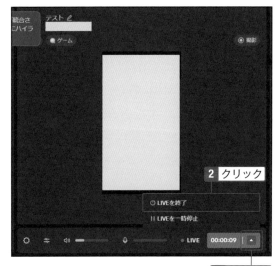

パソコンの操作説明を
する場合

　パソコンでの操作説明を配
信する場合は、手順7で「画面
キャプチャ」を選択すると画
面全体を映し出すことができ
ます。特定のウィンドウを映し
出す場合は「ウィンドウキャ
プチャ」を選択します。

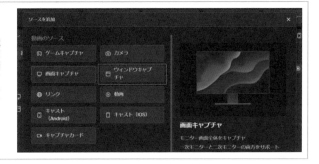

Chapter

07

TikTokで収入を得よう

動画の視聴や投稿を楽しめるTikTokですが、それだけでなく
収益という楽しみもあります。他のユーザーと交流しながら収
入を得られるので、フォロワーが増えたらチャレンジしてはい
かがでしょう。このChapterでは、TikTokの収益について解
説します。

07-01

TikTokで収入を得る方法

動画投稿とLIVE配信を続けて収益化を目指そう

TikTokでは、フォロワーが1000人に達した頃から徐々に収益が増えていきます。ギフトやサブスクなど、さまざまな収益がありますが、まずはどのような収益方法があるかを確認しておきましょう。

ギフト

LIVE配信の中で、視聴者から贈られる薔薇やハートミーなどのギフトが収益につながります。ファンが多ければ多いほど、ギフトの数が多く、高額ギフトが贈られています。また、普段の動画でもギフトを受け取ることが可能です。設定していない人もいますが、せっかくですから有効にしておきましょう。LIVE配信のギフトも動画ギフトも、ダイヤモンドとして貯めることができ、お金に換えられます。

▲LIVE配信のギフト

▲動画ギフト

企業案件

フォロワーが増えると、企業から商品の紹介をしてほしいという案件がきます。依頼されるには、フォロワーが多いことはもちろん、アカウントのイメージも大事です。動画の内容を統一させることや定期的な更新を意識しながら投稿しましょう。

サブスクリプション

　ファンがサブスクリプションに登録してくれることが収益になります。サブスク限定チャットやカスタムエモート（限定絵文字）があるので、魅力的な特典に惹かれて登録してくれるかもしれません。

自社の販売サイトへの誘導

　プロフィール画面に自社サイトや販売サイトへのアドレスを記載できるので、購入や申込みがあるたびに収益になります。その際、TikTokのアカウントをビジネスアカウントに切り替えておくと、フォロワーが1000人未満であっても外部リンクを設定でき、商用利用可能の音源を使って投稿ができます。

シリーズ

　シリーズは、動画を有料コンテンツとして投稿し、報酬を得ることができる機能です。1つのシリーズには、30秒～20分の動画を最大80本収録できます。「アカウント作成後30日以上が経過している」「過去30日間の視聴数が1,000回以上」「過去30日間に3本以上のコンテンツを公開投稿」「オリジナルコンテンツ」などの条件があり、執筆時点では招待されたユーザーのみが利用できます。シリーズに招待されている場合は、「プロフィール」画面右上の☰→「クリエイターツール」→「TikTokシリーズ」から登録します。

　YouTubeの収益化プログラムは有名ですが、TikTokにも「Creativity Program」という収益化プログラムがあり、2023年8月から日本でも動画を収益化できるようになりました。執筆時点ではベータ版ですが、Creativity Program Betaの申し込み画面に申請条件や収益化対象動画について掲載されています。1分未満の動画や模倣動画は収益化対象外で、オリジナルでクオリティの高い動画が求められます。また、5秒以上視聴されていることや、視聴者に「興味がない」とマークされていないことも重要です。同じユーザーのアカウントは2回以上再生しても1回としてカウントされます。

　なお、執筆時点ではベータ版なので、今後条件が変わる場合があります。

▲ TikTokニュース　https://newsroom.tiktok.com/ja-jp/creativity-program-beta

●申請条件

- ・18歳以上
- ・フォロワー1万人以上
- ・過去30日間での動画視聴数が10万回以上
- ・規約やガイドラインに違反していないこと
- ・ビジネスアカウントは対象外
- ・政府や政治団体に属するアカウントは対象外

●収益化の対象となる動画

- ・1分以上の動画
- ・有効視聴数（対象動画の正当な再生回数）が1000回以上
- ・オリジナルかつ高品質、高解像度で撮影・制作され、編集レベルが高いもの
- ・クリエイターの専門性、才能、創造性を示していること
- ・利用規約やガイドライン、Creativity Program Beta契約に準拠

●収益化対象外の動画

・デュエットやリミックス動画
・フォトモード
・低コストのロパク
・個人的なVlog
・広告、有料プロモーション、案件
・他のコンテンツから完全にコピーした動画
・他のコンテンツをわずかに変更して（フィルターの追加やテキストの修正など）複製
　した動画
・他者の動画や画像を組み合わせた動画

参照元：TikTok Creativity Program Beta申し込み画面
https://activity.tiktok.com/magic/eco/runtime/release/64e57eaa21181f0497b
1d490?appType=tiktok&magic_page_no=1&hide_more=0&magic_source=jppr

Creativity Program Betaに申請する

1 プロフィール画面の☰をタップして「クリエイターツール」をタップ。

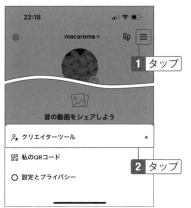

2 「Creativity Program Beta」　をタップし、次の画面で「申し込む」をタップ。

🔍 Hint

今後期待の収益方法

　Effect House（https://effecthouse.tiktok.com/?lang=ja-jp）を使ってエフェクトを作成することができ、魅力的なエフェクトを作成した人に報酬が入ります。執筆時点では日本では未対応ですが、期待できる機能です。

▲ TikTok Effect House

07-02

プロモートで動画を宣伝する

プロモートはフォロワーを増やすための秘策

収益が欲しいと思っても、フォロワーがいないと始まりません。たとえば、投稿動画でギフトをもらうにはフォロワー1000人が必要です。フォロワーが少ない場合はプロモートで宣伝しましょう。少額でも宣伝できます。

プロモートを設定する

1 画面下部の「プロフィール」をタップし、≡ をタップして「クリエイターツール」をタップ。

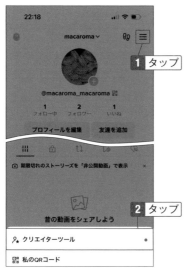

📋 Note

プロモートとは

プロモートとは、動画を宣伝することです。宣伝の目的を選択して効果を得られます。1日300円から設定でき、予算に応じて利用することが可能です。フォロワーを増やす目的以外にも、宣伝の動画を見せたいときには「動画視聴者数の増加」、プロフィールに設定した外部リンクへ遷移させたいときには「プロフィールの閲覧」のように選択ができます。

2 「プロモート」をタップ。

3 「フォロワー数増加」をタップ。

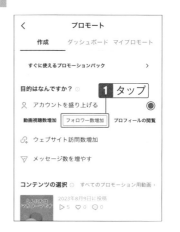

4 「すべてのプロモーション用動画」を
タップ。

5 宣伝する動画の「プロモート」を
タップ。

⚠️ **Check**

プロモートの結果を見るには

手順の3の「ダッシュボード」をタップする
と、プロモートの結果が表示されます。

6 ターゲットを絞る場合は「作成」を
タップして年齢や興味などを指定す
る。

7 推定動画視聴数を見ながら予算と配
信時間を設定。「チャージ」をタップ
して支払いをする。

07-03

LIVE配信で収入を得る

視聴者からのギフトが収益になる

LIVE配信では、視聴者から薔薇やハートミーなどのギフトを受け取ることができ、ダイヤモンドとして貯めることが可能です。そして、ダイヤモンドを換金すれば収益になります。

LIVEギフトを受け取れるようにする

▌ 「＋」をタップ。

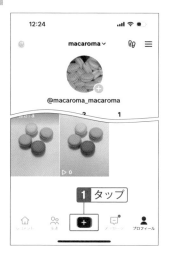

▌ 「LIVE」をタップし、「設定」をタップ。

▌ 「LIVEギフト」をオンにする。

07-04

動画ギフトを受け取る

LIVE配信以外でもギフトを受け取れる

ギフトというとLIVE配信で受け取ることが多いですが、普段投稿している動画でも受け取ることができます。フォロワーが1000人以上いるのなら、いつでもギフトを受け取れるようにしておきましょう。

動画ギフトを有効にする

1 プロフィール画面の右上にある☰をタップし、「クリエイターツール」→「動画ギフト」をタップ。

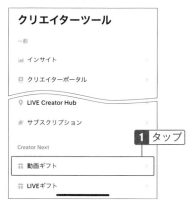

⚠ Check

動画ギフトを受け取るには

　動画ギフトは、通常の動画のコメントボックスにギフトボックスのアイコンが表示され、タップしてギフトを贈れる機能です。「18歳以上であること」「フォロワー数が1000人以上」「アカウントを開設してから30日以上経過していること」「利用年齢条件を満たしていること」「政治家、政党が使用していないアカウント」という条件があります。なお、デュエットやリミックス、プロモーション投稿は対象外です。

2 「ギフト」のスライダをタップ。

3 「ギフトをオンにする」をタップ。

07-05

サブスクリプションを設定する

LIVE配信をしている人は必須の設定

サブスクリプションも収益の一つです。登録してくれる人が増えれば増えるほど、収益がアップします。LIVE配信をしている人にとって必須の設定なので、フォロワーが1000人に達したら忘れずに設定しましょう。

サブスクリプションを開始する

1 「プロフィール」をタップし、右上の三をタップして「クリエイターツール」→「サブスクリプション」をタップ。

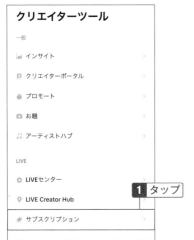

2 「開始」をタップ。開始済みの場合は手順6で設定。

LIVE サブスクリプションとは

LIVE サブスクリプションは、視聴者にオリジナルの月額サービスを提供できる機能です。オンにするには、「LIVE配信ができること」「LIVEクリエイター成長プログラムを完了していること」「過去28日以内にLIVE配信を30分以上していること」「フォロワーが1000人いること」です。報酬は、サブスクリプション登録翌月の15日に残高に表示されます。

⚠️ Check

サブスクリプションの特典

サブスクリプション会員の特典があります。特典の種類はクリエイターによって異なり、バッジやカスタムエモート（限定絵文字）の他、LIVE中に名前で呼びかけたり、サブスク限定LIVEに参加したりなどさまざまです。

3 バッジに設定する文字を入力し、「次へ」をタップ。

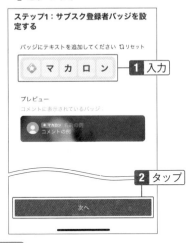

ステップ1：サブスク登録者バッジを設定する

バッジにテキストを追加してください ↺ リセット

◆ マ カ ロ ン ━ **1** 入力

プレビュー
コメントに表示されているバッジ

★ マカロン 名前の例
コメントの例

━ **2** タップ

次へ

📋 Note

バッジとは

サブスク登録者がもらえるバッジで、LIVE でコメントしたときに名前の横に表示されます。時間の経過とともにアップグレードして色が変わります。

4 「＋」をタップして絵文字にしたい画像を選択。

ステップ2：カスタムエモートを作成する

カスタムエモート　　　　　　　　0 / 15

＋ ━ **1** タップ

公開エモート
公開エモートは他の配信者をサブスク登録しているユーザーも利用できます

📋 Note

カスタムエモートとは

サブスクに登録した人だけが使えるオリジナル絵文字のことです。15個まで登録できます。

---

5 サブスクの特典とする項目をタップしてオンにし、「完了」をタップ。

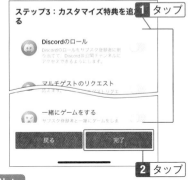

ステップ3：カスタマイズ特典を追加する ━ **1** タップ

Discordのロール
Discordのロールをサブスク登録者に割り当てて、Discord非公開チャンネルにアクセスできるようにします。

マルチゲストのリクエスト

一緒にゲームをする
サブスク登録者と一緒にゲームをしよ

戻る　　　　　完了

━ **2** タップ

📋 Note

サブスクの特典

LIVE配信を気に入ってサブスクリプションに登録してくれた人への特典です。優先的にサブスク登録者のコメントに答えたり、メイキング動画をサブスク登録者のみにシェアしたりなど、対応できる特典を選択しましょう。また、LIVEサブスクリプションの設定画面で「カスタマイズ特典」をタップした画面右上にある【＋】をタップしてオリジナルの特典を追加することもできます。魅力的な特典を設定することで、サブスク利用者が増え、収益にもつながります。

6 「私についてを追加する」の「追加」をタップ。

23:02　　　　　　　　　📶 📶 ⏹

＜　　LIVEサブスクリプション　　⑦

コミュニティ用のシンボル
コミュニティ用シンボルを使用すると、サブスク登録者を11%増やせる可能性があります。

バッジ　　　　　エモート　　　1/15

🔲 「私について」を追加する ━ **1** タップ
LIVE視聴者のみんなに自己紹介し、自分のカスタマイズ特典について説明しましょう。　　　追加

⚠ Check

「私についてを追加する」を閉じてしまった場合

手順6の設定が非表示になっている場合は、LIVE開始前の画面で、⚙ をタップし、「私について」をタップして設定します。

7 「自己紹介と自分のLIVEの説明を表示する」がオンになっていることを確認し、「概要」ボックスをスワイプ。

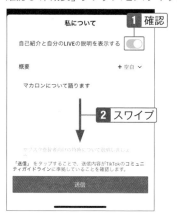

9 「サブスクリプションスポットライト」をタップ。

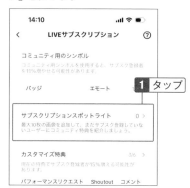

8 「サブスク登録者が受けられる特典：」をタップして特典を入力。画像もアップロードして「送信」をタップ。

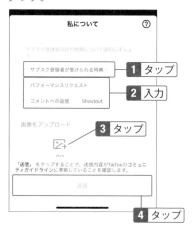

10 「アップロード」をタップして画像を設定。

⚠ **Check**

後からサブスクリプションを設定する場合

後から設定する場合は、手順1の「サブスクリプション」をタップし、「バッジ」や「エモート」をタップして追加します。特典の設定は、「カスタマイズ特典」をタップしてください。

📖 **Note**

サブスクリプションスポットライトとは

プロフィール画面の「LIVEサブスクリプション」やLIVE配信画面左下の ✿ をタップしたときの画面に表示する画像です。登録してもらえるように、特典の魅力をアピールする画像を作成して設定しましょう。10枚まで設定できます。

11 「＋」をタップして次の画像を設定。右上の ◉ をタップしてプレビューを確認後、「保存」をタップし、左上の「＜」をタップ。

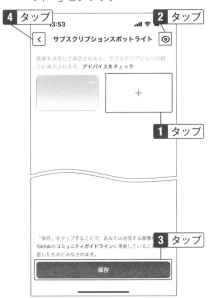

12 サブスク限定チャットを利用する場合は、タップしてオンにする。「サブスク登録者メモ」をタップ。

13 登録者に向けてのメッセージを入力し、「送信」をタップ。

📝 **Note**

サブスク登録者メモ

　サブスク登録者に向けたメッセージです。ガイドラインを違反しないように入力してください。「送信」ボタンをタップした後、審査があり、認められると使用できます。

14 他にも利用するツールがあれば設定する。

報酬を確認する

収益額と報酬は「残高」画面を見る

LIVEを配信しているときは、どのくらいギフトをもらったかは把握できません。後で確認したいときには、残高の画面で確認しましょう。同じ画面で、取引履歴も見ることができます。

残高画面を表示する

1 プロフィール画面の右上にある≡をタップし、「ポケット」をタップ。

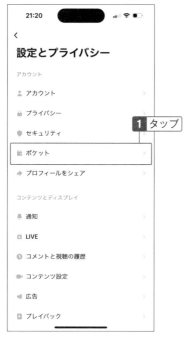

2 「LIVE報酬」（コンテンツ報酬）をタップして確認できる。

🔦 Hint

取引の確認

手順2の画面で「取引」をタップすると、LIVEの報酬やサブスクリプションなどの種類ごとの取引履歴を見ることができます。

報酬を換金する

貯まったダイヤモンドを現金化しよう

視聴者からもらったギフトはダイヤモンドとして貯めることができ、換金またはコインに交換できます。なお、1日の換金限度額は100ドルとなっていますが、ギフト報酬が多いほど上限が高くなります。

ダイヤモンドを換金する

1 前のSECTIONの「LIVE報酬」または
は「コンテンツ報酬」をタップした
後、「換金する」をタップ。コインに
する場合は「コインに交換」をタッ
プ。

2 「支払方法の追加」をタップ。

3 「国/地域」が「Japan」になってい
ることを確認。支払い方法をタップ
して設定し、換金する。

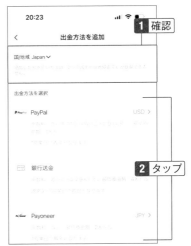

⚠ Check

出金方法

　支払方法はPaypal、銀行送金、Payoneerから選択できます。

PayPal　手数料：支払額の1.5％＋取引ごとに
0.1米ドル、最低換金額：1米ドル
銀行送金　手数料：取引ごとに2.9米ドル、最
低換金額：4米ドル
Payoneer　手数料：なし　最低換金額：2米
ドル
（執筆時点）

ビジネスアカウントを作成する

商用利用ならビジネスアカウントを利用しよう

TikTokを使ってお店の宣伝をしたい、商品紹介をしたいという場合、個人アカウントからビジネスアカウントに切り替えた方が、著作権を侵害することを防げますし、外部サイトへの誘導もできるので便利です。

ビジネスアカウントに切り替える

1 プロフィール画面の右上にある≡
をタップし、「設定とプライバシー」
→「アカウント」をタップし、「ビジ
ネスアカウントに切り替える」を
タップ。

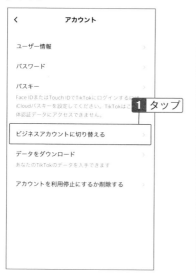

2 「次へ」をタップして進む。

3 「後で」をタップ。

📝 **Note**

ビジネスアカウントとは

　商用で利用するのならビジネスアカウントにしましょう。個人アカウントで使用している楽曲は、商用利用できないものが多いですが、ビジネスアカウントにすれば、商用利用できる楽曲のみを選択できます。また、ビジネスアカウントを使用することで、自社サイトや販売サイトへの誘導が可能になります。個人アカウントでは、フォロワーが1000人以上でないと外部サイトへのリンクを設定できませんが、ビジネスアカウントにすれば1000人未満であってもリンクを設定できます。

4 ビジネスアカウントに切り替えた。

ビジネススイートを表示する

1 画面下部の「プロフィール」をタップし、≡ をタップして「ビジネススイート」をタップ。

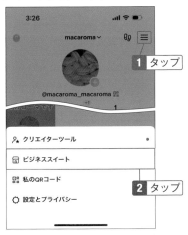

1 タップ

2 タップ

🔑 Hint

TikTokに広告を出稿するには

TikTokに広告を出稿することも可能です。TikTokの場合、一般ユーザーの動画と動画の間にさりげなく広告が入るので、他のSNSの広告より目立ちにくいという特徴があります。また、広告もユーザーの興味に合わせて表示されるため、高い訴求力を期待できます。出稿したい場合は、TikTok for Business（https://www.tiktok.com/business/ja/）にアクセスしてアカウントを作成してください。

2

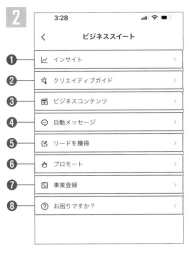

❶ インサイト
❷ クリエイティブガイド
❸ ビジネスコンテンツ
❹ 自動メッセージ
❺ リードを獲得
❻ プロモート
❼ 事業登録
❽ お困りですか？

❶ より詳細に動画の分析ができる。
❷ 話題の人気動画が表示される
❸ 他のクリエイターとのコラボができる
❹ ダイレクトメッセージが来たときや特定のキーワードに対しての自動返信が可能
❺ 見込み客の獲得へのアプローチができる
❻ 動画を宣伝できる
❼ 事業情報を登録できる
❽ FAQやカスタマーサービスを利用できる

07

TikTokで収入を得よう

投稿した動画を分析する

収益を増やすには動画の分析が重要

TikTokで収益を増やしたいのならフォロワーを増やすことです。常にデータを分析して、どのような動画をいつ投稿すればよいかを把握し、意識して投稿するようにしましょう。そうすれば自然とフォロワーが増えていきます。

スマホで分析する

1 画面下部の「プロフィール」をタップし、≡ をタップして「クリエイターツール」をタップ。

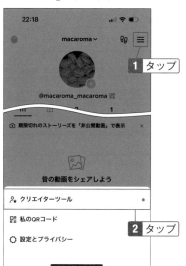

2 「インサイト」をタップ。

⚠ Check

データを分析する

　フォロワーを増やすには、データの分析が欠かせません。過去の投稿動画の中でどの動画が人気なのかを把握し、その動画と傾向が似ている内容の動画を投稿するようにします。また、どの年齢層、性別のフォロワーが多いかを見て、興味を持ちそうな動画にします。さらに、何時頃にフォロワーが多いかがわかるので、その時間帯に投稿すると効果的です。

⚠ Check

シャドウバンとは

　運営側からアカウントに制限がかかることをシャドウバンと呼んでいます。ガイドラインに反する動画や別のアカウントに同じ動画を投稿した場合などは制限がかかることがあるので気を付けてください。

🔎 Hint

インスピレーションをもらうとは

　「概要」タブの「インスピレーションをもらおう」をタップすると、自分の動画と似たような動画で、人気上昇中の動画が表示され、同じ要素を使って動画を投稿できます。

●概要

▲動画視聴数やプロフィール閲覧回数、人気のある動画など、主なデータが表示される

●コンテンツ

▲投稿動画の数や人気上昇中の動画がわかる

●フォロワー数

▲フォロワーの増減や総フォロワー数がわかる

●LIVE

▲LIVEセンターに移動してLIVEのインサイト（SECTION05-11）を見る

💡 Hint

パソコンで分析する

　パソコンでも分析することができます。SECTION06-01の手順5の画面右上にあるアイコンをタップし、「インサイトを見る」をタップします。広い画面に表示されるので閲覧しやすく、xlsx形式またはcsv形式でデータをダウンロードすることも可能です。

複数のアカウントを利用する

ジャンルの異なる動画や店舗ごとにアカウントを管理できる

TikTokでは、複数のアカウントを作成することが可能です。別々のスマホを使わなくても、1つのスマホに複数のアカウントを追加して、切り替えながら使用できます。ジャンルの異なる動画は、アカウントを分けて投稿しましょう。

アカウントを追加する

1 プロフィール画面で上部の「v」をタップし、「アカウントを追加」をタップ。

2 SECTION02-02の方法でアカウントを作成する。

3 以降、上部の「v」をタップしてアカウントの切り替えができる。

🔍 Hint

ターゲットを絞って投稿する

いろいろなジャンルの動画を投稿するより、1つのジャンルに絞って投稿した方がフォロワーや視聴回数を増やしやすいです。別のジャンルの動画を投稿し続けたい場合はもう1つアカウントを作成しましょう。

安全・快適に使うための
設定をしよう

TikTokの動画を視聴したり、投稿したりする際に、「個人情報が流出するのでは？」と心配な人もいると思います。また誹謗中傷やプライバシー侵害に悩むこともあるかもしれません。このChapterでは、TikTokを安心して使用するための設定について紹介します。なお、執筆時点での解説なので、アップデートにより設定方法や画面が変わる場合があります。

08-01

知り合いに知られないようにする

連絡先やFacebookと連携せずに利用しよう

TikTokを利用していることを会社の同僚や家族に知られたくない人もいるでしょう。その場合は、スマホで利用している連絡先やFacebookと連携させないようしてください。もちろん知り合いに見せたい場合は同期させてかまいません。

連絡先とFacebookの友達を同期しない

1 「プロフィール」をタップし、≡を
タップ。

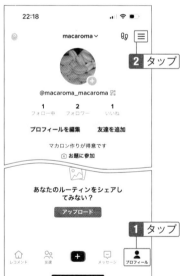

⚠ Check

連絡先とFacebookの友達を同期する

　連絡先やFacebookの友達と連携させると、知り合いを見つけやすくなりますが、思いも寄らない人とつながってしまうこともあるので、オフにすることをおすすめします。同期させてしまった場合は、手順5の画面で、「以前に同期した連絡先を削除」または「以前に同期したFacebook友達を削除」をクリックして削除してください。

2 「設定とプライバシー」をタップ。

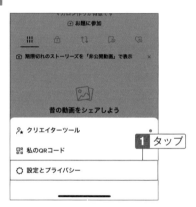

3 「プライバシー」をタップ。

4 「連絡先とFacebookの友達を同期する」をタップ。

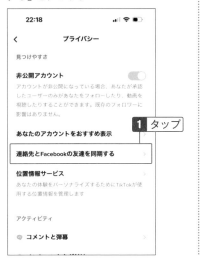

5 「連絡先から友達を見つける」と「Facebookの友達を同期する」をオフにする。

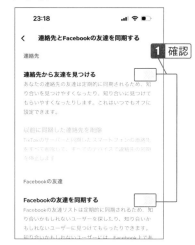

知り合いがおすすめに表示されないようにする

1 「プロフィール」をタップして☰をタップし、「設定とプライバシー」→「プライバシー」→「あなたのアカウントをおすすめ表示」をタップ。

2 「連絡先」と「Facebookの友達」がオフになっていることを確認。

知り合いとつながらないようにする

　連絡先やFacebookの友達に、自分のアカウントをおすすめとして紹介する設定です。TikTokの投稿を知り合いに知られたくない場合はオフにしましょう。

08

安全・快適に使うための設定をしよう

08-02

リンクを送ったときに自分の
アカウントが表示されないようにする

TikTokアカウントがばれないように設定する

おすすめの動画としてSNSに投稿する際、自分のアカウントが表示されます。会社の同僚や取引先にTikTokアカウントが知られたりすることもあるので、設定を確認しておきましょう。

「リンクを開いたあるいは、あなたにリンクを送ったユーザー」をオフにする

1 「プロフィール」をタップして三をタップし、「設定とプライバシー」→「プライバシー」→「あなたのアカウントをおすすめ表示」をタップ。

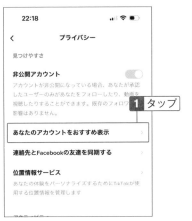

2 「リンクを開いたあるいは、あなたにリンクを送ったユーザー」をオフにする。

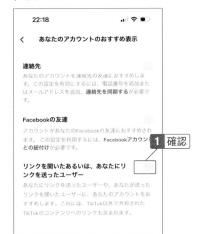

⚠ Check

あなたのアカウントをおすすめ表示

あなたのアカウントをおすすめ表示をオンにしていると、おすすめの動画をシェアしたときに、自分のアカウント名が表示されます。TikTokアカウントを知っている人にシェアする場合はかまいませんが、知られたくない場合はオフにしてください。特にSNSに投稿する際は注意が必要です。

08-03

承認したユーザーのみに動画を見せる

非公開設定にして一部の人だけに見てもらうのもOK

TikTokでは、まれに心無いコメントが付くこともあります。落ち込む必要はありませんが、もし辛い思いをしているのなら非公開にして信頼できる人だけに見てもらうことも可能です。せっかく始めたTikTokなのでストレスフリーで続けましょう。

非公開の設定をする

1 「プロフィール」をタップし、目をタップし、「設定とプライバシー」→「プライバシー」をタップ。

2 「非公開アカウント」をタップしてオン（水色）にする。

⚠ **Check**

非公開アカウント

非公開アカウントとは、承認したユーザーのみが視聴またはフォローできるようにすることです。途中で非公開にした場合は、これまでのフォロワーは引き継がれます。

08
安全・快適に使うための設定をしよう

08-04

フォローリストを非表示にする

誰をフォローしているかを知られたくない場合に設定する

通常、プロフィール画面のフォロー中をタップすると誰をフォローしているかがわかります。知られたくない場合は非表示にすることも可能です。ただし、フォロー数は表示されます。

フォローリストの公開範囲を変更する

1 プロフィール画面右上の☰→「設定とプライバシー」→「プライバシー」→「フォローリスト」をタップ。

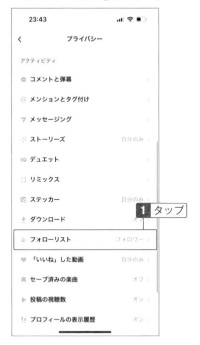

⚠ Check

フォローリストの公開範囲を変更する

　デフォルトでは、誰をフォローしているかを他のユーザーは見ることができます。見られたくない場合は、フォローリストの公開範囲を「自分のみ」に設定します。他のユーザーが「フォロー中」をタップすると、非表示である旨のメッセージが表示されます。

2 「自分のみ」をタップ。

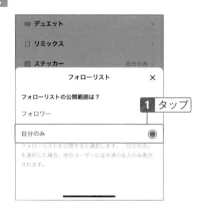

いいねした動画を
他の人から見えないようにする

誰にも知られずに気軽にいいねを付けられる

気軽に付けられる「いいね」ですが、いいねを付けた動画はプロフィール画面に表示されるため、他のユーザーが見ることができます。もし、どの動画に「いいね」を付けたかを他の人に知られたくない場合は非表示にすることが可能です。

「いいね」した動画の公開範囲を変更する

1 プロフィール画面右上の ☰ →「設定とプライバシー」→「プライバシー」→「「いいね」した動画」をタップ。

2 「自分のみ」をタップ。

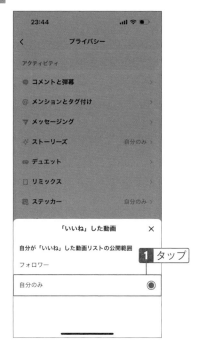

⚠ Check

いいねした動画の公開範囲

　いいねした動画は、プロフィール画面の 🖼 をタップすると表示されます。他のユーザーに見られたくない場合は、「自分のみ」にします。

位置情報の履歴を削除する

位置情報を元にしたサービスが不要な場合はオフにする

TikTokでは、位置情報をもとにおすすめの投稿や広告を表示しています。自宅付近の動画がおすすめに表示されたり、投稿時に表示されたりして、不安に思う人もいるでしょう。そのような場合は、位置情報をオフにします。また、位置情報の履歴を削除することもできます。

位置情報サービスをオフにする

1 プロフィール画面右上の☰→「設定とプライバシー」→「プライバシー」→「位置情報サービス」をタップ。

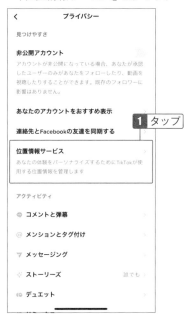

2 「共有しない」がオンになっていることを確認する。その後「位置情報の履歴を削除する」をタップし、「削除」をタップ。

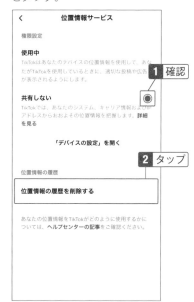

💡Hint

位置情報サービス

　TikTokでは、位置情報を元におすすめ投稿や広告が表示されます。ただし、端末の設定でTikTokに位置情報を許可している場合です。

⚠Check

位置情報の履歴削除

　手順2で「共有しない」にしても、取得した位置情報は最長で30日間保存されます。過去の位置情報からおすすめに表示されるので、履歴も削除してください。

08-07

投稿した動画に
コメントを付けられないようにする

コメントの返信が面倒なときや見たくないときにオフにできる

既定では、不適切または攻撃的なコメントは制限されていますが、それでも不愉快なコメントが付くこともあります。気になる場合は、承認しないとコメントが表示されないように設定することも可能です。

コメントの設定をオフにする

1 プロフィール画面右上の☰→「設定とプライバシー」→「プライバシー」→「コメント」をタップ。

2 「コメント」をタップし、「オフ」をタップ。

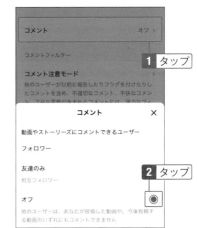

⚠ Check

コメントを承認制にするには

　手順2で、「すべてのコメントをフィルターする」をオンにすると、コメントされても非表示にし、承認した後に表示するようにできます。特定の単語のみ承認制にするには、「フィルターキーワード」をオンにして、単語を入力します。

08-08

ダイレクトメッセージを
送れる人を制限する

勧誘や詐欺のDMを除外できる

TikTokでは、直接メッセージが来ることが頻繁にあります。スルーしてもかまいませんが、気になる場合は送信できる人を制限することが可能です。勧誘や詐欺のメッセージを受け取りたくない場合にも有効です。

ダイレクトメッセージの設定を変更する

1 プロフィール画面右上の☰→「設定とプライバシー」→「プライバシー」→「メッセージング」をタップ。

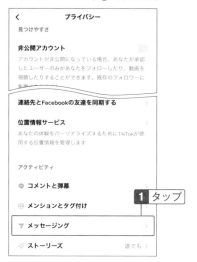

⚠ Check

ダイレクトメッセージの設定

手順2で「相互フォローしている友達」にすると、お互いがフォローしている人だけが送信できます。「誰でも」を選択すると、誰でも送れるようになりますが、宣伝や嫌がらせのメッセージが来るのでおすすめしません。「おすすめの友達」は、相互フォローしているフォロワーや、同期している連絡先やFacebookの友達です。「オフ」は、ダイレクトメッセージを使用しない場合に選択します。

2 「メッセージング」をタップすると、対象範囲を選択できる。

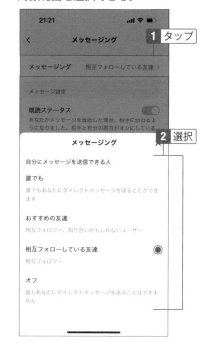

デュエットやリミックスを不可にする

自分の動画を利用されたくない場合は設定しておこう

SECTION04-18と19でデュエットやリミックスのやり方を説明しましたが、どの動画でもできるわけではありません。自分の動画をデュエットまたはリミックスされたくない場合は設定を変更しましょう。

デュエットとリミックスの設定を変更する

1 プロフィール画面右上の☰→「設定とプライバシー」→「プライバシー」→「デュエット」(リミックスの場合は「リミックス」) をタップ。

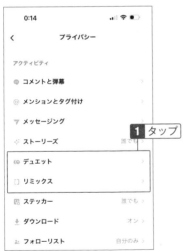

2 「デュエット」をタップし、「自分のみ」をタップ。

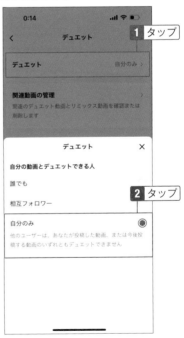

デュエットとリミックスの設定

　SECTION04-18と19で解説したデュエットやリミックスは、他のユーザーが自分の動画を使って投稿します。使われたくない場合は、「自分のみ」に変更しておきましょう。相互フォローしているユーザーだけにする場合は、手順2で「相互フォロワー」を選択してください。

08

安全・快適に使うための設定をしよう

08-10

投稿した動画を
ダウンロードできないようにする

再利用されたくない場合はダウンロード禁止にする

TikTokでは、他人の投稿動画をダウンロードすることができます。TikTokのロゴが入るので再利用されることはありませんが、トリミングされて使われることもあるかもしれません。悪用されるのが心配ならダウンロード禁止の設定をしておきましょう。

動画のダウンロードをオフにする

1 プロフィール画面右上の☰→「設定とプライバシー」→「プライバシー」→「ダウンロード」をタップ。

2 「動画のダウンロード」のスライダをタップしてオフ（灰色）にする。

⚠ Check

動画のダウンロード

　他のユーザーに動画をダウンロードされたくない場合はオフにできます。拡散されたくない場合もオフにしましょう。ただし、オフにしても動画へのリンクを共有することは可能です。

08-11

他のユーザーの動画を
見たことがわからないようにする

足跡を残さずに視聴する方法

他のユーザーの動画を視聴すると、投稿者はわかります。いいねを付けずに視聴していたことで気まずい関係になることもあるかもしれません。気になる場合は設定を変更しましょう。

投稿の視聴履歴をオフにする

1 プロフィール画面右上の☰→「設定とプライバシー」→「プライバシー」→「投稿の視聴数」をタップ。

2 「オフ」にする。

🔑 Hint

オンラインであることを知られないようにするには

「設定とプライバシー」→「プライバシー」の「アクティビティステータス」をオンにしていると、メッセージ画面やアイコンの横に緑の丸が付き、オンラインであることが知られます。知られたくない場合はオフにしておきましょう。

⚠ Check

投稿の視聴履歴

　投稿の視聴履歴をオンにすると、動画を見たことが投稿者に伝わります。また、フォロワーが自分の動画を見たことがわかります。知られたくない場合はオフにしましょう。なお、投稿の視聴履歴で確認できるのは、投稿されてから7日間のみです。

08-12

他のユーザーのプロフィールを 見たことがわからないようにする

相手も自分もプロフィールを見たことがわからないようにできる

画面右上の足跡のアイコンをタップすると、プロフィールを見た人がわかります。反対に自分が他のユーザーのプロフィールを見ると気づかれます。気づかれたくない場合は設定を変更しましょう。

プロフィールの表示履歴をオフにする

1 プロフィール画面右上の☰→「設定とプライバシー」→「プライバシー」→「プロフィールの表示履歴」をタップ。

2 「プロフィールの表示履歴」をオフにする。

⚠ Check

プロフィールの表示履歴

　過去30日以内に、だれがプロフィールを見たかが履歴として表示されます。また、この設定をオンにすると、自分が他のユーザーのプロフィールを見たときに、プロフィールを見たことが気付かれます。なお、この機能が使えるのは、フォロワー数が5,000人未満で、16歳以上のユーザーのみです。

迷惑なユーザーをブロックする

嫌がらせされたらブロックする。仲良くなった人のブロックは慎重に

TikTokは若者の利用者が多く、特に投稿したてのときは、おすすめに表示されるのでいろいろな人の目に触れます。もし、しつこい人や不快なコメントをする人がいたら、ブロックするとその人の投稿やコメントが表示されなくなります。

ユーザーをブロックする

1 ブロックする人のプロフィール画面を表示。 をタップし、「ブロック」をタップ。

2 「ブロック」をタップ。

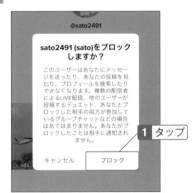

3 解除する場合は「ブロックを解除」をタップ。

> ⚠ **Check**
>
> **ブロックした人を確認するには**
>
> 画面下部の「プロフィール」をタップし、☰をタップし、「設定とプライバシー」→「プライバシー」→「ブロック済みのアカウント」でブロック一覧を見ることができます。ブロック解除も可能です。

08-14

ログインを2段階にして
セキュリティを高める

不正ログインを防ぐために必須の設定

「第三者にログインされることはない」と思っている人もいるでしょうが、SNSではたまにあります。TikTokをはじめるときに簡単なパスワードを設定している人は要注意です。2段階認証にすれば不正ログインを防ぐことができます。

2段階認証を設定する

1 プロフィール画面右上の☰→「設定とプライバシー」→「セキュリティ」→「2段階認証」をタップ。

2 2つ以上の認証方法をタップし、「オンにする」をタップ。

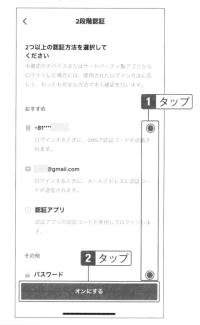

📝 Note

2段階認証とは

　通常は、アカウント名とパスワードでログインしますが、本人であることを証明するために別の認証（電話番号やメールアドレスなど）を追加することでセキュリティを高めるしくみを2段階認証と言います。

⚠ Check

ログイン認証情報を保存

　手順1の下部にある「ログイン認証情報を保存」は、iCloudにログイン情報を保存して自動ログインできるようにします。通常はオフにしておき、ログインする際にパスワード入力をした方が安心です。

08-15

不審なアクセスがないか確認する

乗っ取られた？と思ったら不審なアクティビティをチェック

万が一、「投稿した動画が削除されている」「ユーザー名が変更されている」ということがあったら、不審なアクティビティがないかを確認してください。また、「あなたのデバイス」では、見覚えのないログインがないかを確認できます。

セキュリティに関する警告を確認する

1 プロフィール画面右上の☰→「設定とプライバシー」→「セキュリティ」→「セキュリティに関する警告」をタップ。

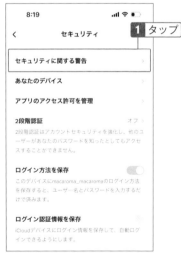

> ⚠️ **Check**
>
> **不審なアクティビティ**
>
> 過去7日間に不審な操作があった場合にここに表示されます。同時に手順1にある「あなたのデバイス」をタップし、見覚えのない端末からのログインがないかも確認しましょう。もし、問題がある場合は、手順2にある「お問い合わせ」をタップしてTikTok事務局に報告しましょう。

2 過去7日間に不審なアクティビティがあるか確認できる。

3 「あなたのデバイス」をタップして確認する。

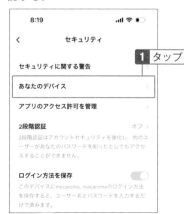

08-16

他のアプリからの
TikTokへのアクセスを遮断する

個人情報の流出にもなりかねないので定期的にチェックする

SECTION04-21で、TikTokとCapCutを連携させた人もいると思いますが、同じ会社の
アプリなので問題ありません。もし、他のアプリと連携している場合は、不審なアプリと
連携していないかを確認してください。

アプリのアクセス許可を確認する

1 プロフィール画面右上の≡→「設定
とプライバシー」→「セキュリティ」
→「アプリのアクセス許可を管理」
をタップ。

2 不審なアプリがあればタップして
「アクセスを削除」をタップする。

⚠ Check

アプリの連携

　TikTokと他のアプリを連携させることで便
利になります。ですが、中には悪意のあるアプ
リがあるかもしれません。リンクをクリックし
ていつの間にか許可してしまうこともあるの
で、いろいろなアプリを使用している人は定期
的に確認しましょう。

08-17

過去に視聴した動画の履歴を削除する

レコメンドに見たくない動画が増えてきたときの対応策

視聴履歴には、過去180日間に視聴した動画が表示され、おすすめ動画の参考データとして利用されます。たびたび興味のない動画がおすすめに表示される場合は、履歴を削除しましょう。なお、LIVEとストーリーズは含まれません。

視聴履歴を確認する

1 プロフィール画面右上の目→「設定とプライバシー」→「アクティビティセンター」→「視聴履歴」をタップ。

2 画面右上の「選択」をタップし、左下の「すべての視聴履歴を選択」をタップして「削除」をタップ。

⚠ Check

特定の動画のみ削除する場合

全ての動画ではなく、特定の動画のみ削除する場合は、動画を長押しし、「消去」をタップします。

🔎 Hint

視聴履歴をダウンロードするには

視聴履歴を削除すると元に戻せません。視聴履歴を保存しておきたい場合は、「設定とプライバシー」→「アカウント」→「データをダウンロード」をタップした画面でリクエストすると、コメント履歴やチャット履歴などと一緒にダウンロードできます。なお、リクエストの処理に数日かかる場合があります。

08-18

指定した時間の通知をオフにする

通知の時間を指定すれば夜中の通知も困らない

就寝中に通知が来ると困る人もいるでしょう。その場合は、夜中の通知をオフにしましょう。日中の通知でも、いいねの通知は不要ならオフにすることも可能です。必要なアクティビティのみ受け取るようにした方が時間を効率的に使えます。

通知のスケジュールを設定する

1 プロフィール画面右上の≡→「設定とプライバシー」→「通知」→「プッシュ通知のスケジュール」をタップ。

2 「スケジュールを設定」をオンにし、スタートと終了の時間を指定する。

⚠ Check

通知を使用する

　通知を使用するには、スマホの「設定」アプリで、「TikTok」をタップし、「通知」をタップしてオンになっている必要があります。

⚠ Check

コメントが付いたときのみ通知する

　手順1で通知するアクティビティを選択できます。たとえば、コメントが付いたときのみ通知する場合は、コメントのみをオン（水色）にします。

08-19

見たくないキーワードを設定する

NGワードが入った動画をレコメンドに表示されないようにできる

自分の動画でなくても、見たくないキーワードがあるかもしれません。そのような場合は、キーワードのフィルターを設定しましょう。暗いニュースが続いたときもNGワードに設定することで気持ちの落ち込みを防ぐことができます。

動画キーワードのフィルターを設定する

1 プロフィール画面右上の☰→「設定とプライバシー」→「コンテンツ設定」→「動画キーワードのフィルター」をタップ。

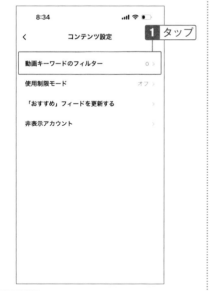

2 「キーワードを追加」をタップ。

3 NGワードにしたい単語を入力し、「おすすめ」と「フォロー中」を選択して「保存」をタップ。他にも追加した単語があれば「キーワードを追加」をクリックして追加する。

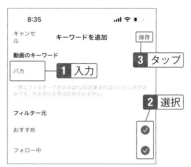

⚠ **Check**

動画キーワードのフィルター

　動画の説明欄やステッカーに、見たくない単語がある場合、フィルターキーワードを設定すると、おすすめやフォロー中に表示されなくなります。ただし、フィルターできない単語もあります。

⚠ **Check**

キーワードのフィルターを解除する

　設定したキーワードを解除したい場合は、手順2に追加された単語の「ゴミ箱」をタップします。

08

安全・快適に使うための設定をしよう

211

08-20

視聴時間を制限する

ついつい見過ぎてしまう人はデジタルウェルビーイングを使おう

TikTokには、使い過ぎないようにセーブできる「デジタルウェルビーイング」という設定があります。斬新で、楽しい動画がたくさんあるので、ずっと視聴したくなるでしょうが、1日2時間などに制限して利用した方が疲れないので、結果的に長く続けられます。

デジタルウェルビーイングを設定する

1 プロフィール画面右上の≡→「設定とプライバシー」→「視聴時間」→「1日の視聴時間」をタップ。

> ⚠ Check
>
> **視聴時間の設定**
>
> TikTokの利用時間を「1日1時間」のように設定できます。時間に到達したら知らせてくれます。また、土日の使用時間を長くすることも可能です。

2 「1日の視聴時間を設定」をタップ。

3 どのくらい視聴するかを設定。曜日ごとに設定する場合は、「1日あたりの制限をカスタム設定する」をタップして設定。

08-21

子供の利用を制限する

子供の使い過ぎが心配なら早めに設定しておくと安心

Instagramと同じく、TikTokにも子供の利用制限ができるペアレンタルコントロールがあります。TikTokは若者が利用するSNSとして有名なので、それを知って近寄ってくる大人もいます。心配な場合は、子供の利用時間やプライバシーの設定をしておくとよいでしょう。

ペアレンタルコントロールを設定する

1 プロフィール画面右上の☰→「設定とプライバシー」→「ペアレンタルコントロール」をタップ。次の画面で「続ける」をタップ。

2 「保護者」をタップし、「次へ」をタップすると、QRコードが表示される。

3 子供のスマホで「設定とプライバシー」画面の「ペアレンタルコントロール」をタップし、「お子様」を選択して「次へ」をタップ。その後、QRコードをスキャンし、「アカウントをリンクする」をタップ。

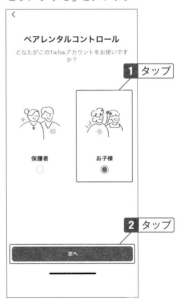

光の点滅を含む動画を非表示にする

視覚効果の多用でストレスを感じるなら設定を変えてみよう

TikTokの動画は加工されているものが多いです。点滅の効果も使われます。視聴に悪影響があるのであれば、ディスプレイの設定を変えてみましょう。また、開いてすぐに音楽が流れるのを防ぐ方法があるので紹介します。

ディスプレイを設定する

1 プロフィール画面右上の☰→「設定とプライバシー」→「ディスプレイ」（Androidは「アクセシビリティ」）をタップ。

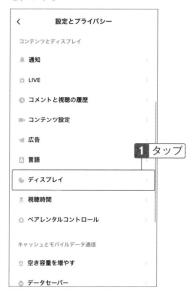

2 光の点滅を含む動画を非表示にするには「光の点滅を含む動画を非表示にする」をオンにする。

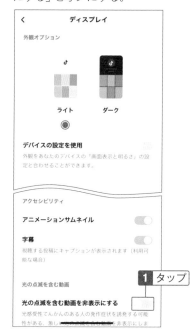

🔦 Hint

ミュートの状態でTikTokを開く

　TikTokを開いたときに表示される動画を消音にすることができます。手順1の画面で「プレイバック」をタップし、「ミュートの状態でTikTokを開く」をオンにします。また、「自動音量調節」はオンにしておきましょう。

🔦 Hint

画面がまぶしい場合

　就寝時に視聴すると画面がまぶしいときがあります。手順2で「ダーク」を選択すると黒の背景になります。

08-23

通信量を抑えて視聴する

容量制限のある通信プランを使用している場合は設定しよう

データ通信量に制限があるプランを使用している人は、使用量が気になると思います。そこで、データセーバーの設定をしましょう。動画の解像度を下げることで通信量を抑えることができます。

データセーバーを設定する

1 プロフィール画面右上の☰→「設定とプライバシー」→「データセーバー」をタップ。

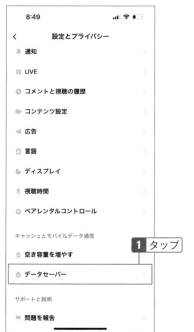

2 タップして「オン」にする。

📋 Note

データセーバーとは

　モバイル回線のデータ通信量を抑制し、モバイル通信の際にデータ容量を抑えられる設定です。ただし、動画の画質が悪くなったり、読み込み時間が長くなる場合があります。

08

安全・快適に使うための設定をしよう

215

08-24

アカウントを削除する

一時的な停止か、アカウント削除かを選択できる

TikTokを始めてみたものの全く使わないといった場合、アカウントをそのまま残しておいても特問題はないですが、気になるようであれば削除できます。削除した場合、30日以内なら復活できますが、30日を過ぎるとすべてが削除されるので注意してください。

アカウントを利用停止または削除する

1 プロフィール画面右上の☰→「設定とプライバシー」→「アカウント」→「アカウントを利用停止にするか削除する」をタップ。

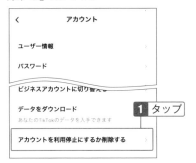

2 「アカウントを完全に削除」をタップ。再開する予定がある場合は「アカウントの利用を停止」をタップ。次の画面で削除する理由を選択。

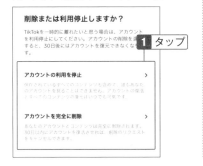

3 理由をタップして「続ける」をタップ。次の画面で同意して操作する。

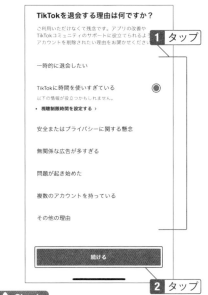

⚠ **Check**

TikTokのアカウント削除

　アカウントを削除するとこれまでの投稿がすべて削除されます。30日以内ならアカウントを復活させることができます。ですが、30日を過ぎるとすべて削除されてしまうので、一時的に利用停止にすることも検討してください。そうすれば、いつでもすべてのコンテンツを復元できます。

APPENDIX

巻末資料

動画編集に役立つアプリやサービス

Section07-01でTikTok動画の収益化について説明しましたが、収益化の対象として、編集レベルが高い動画が求められます。そのためには、TikTokアプリだけでなく、他のアプリを併用することが必要です。動画編集に役立つアプリやサービスをピックアップしたので参考にしてください。

スマホ用動画編集アプリ

●VLLO

字幕や特殊効果を使いながらオリジナルの動画を作成できる。著作権フリーのBGMと効果音が豊富。プレミアム（有料版）にするとすべての素材が使える。

●InShot

無料ながらも高機能で、商用利用も可能なため人気が高い。無料版の場合、広告が表示され、InShotのロゴが入る。非表示にしたい場合はプレミアム（有料版）がおすすめ。

● Filmora

初心者にも使いやすい動画編集ソフト。多彩なエフェクトや効果音が使える。商用利用ができ（一部除外あり）、低価格で利用できるのも人気の理由。

▲ https://filmora.wondershare.jp/

● Adobe Premiere Pro

プロも使用する動画編集ソフト。画像編集ソフトの「Photoshop」やグラフィックデザインソフトの「Illustrator」なども併用するのなら、サブスク型メンバーシップのCreative Cloudコンプリートプランを利用するとお得。

▲ https://www.adobe.com/jp/products/premiere.html

● いらすとや

人物や動物、食べ物などのイラストが豊富に揃っている人気の無料素材集。1つの制作物に付き20点まで利用でき、商用利用可。

▲ https://www.irasutoya.com/

巻末資料

● Unsplash

人物、動物、自然など、さまざまなジャンルのハイセンスな写真を無料で使用できる。商用利用可。

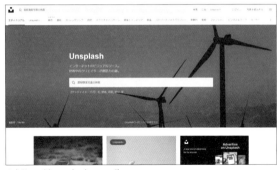

▲ https://unsplash.com/ja

● illustAC

ロパク動画の作成に使えるイラストや目や鼻のパーツのイラストなどがある。無料で使えて、商用利用も可。

▲ https://www.ac-illust.com/

動画の無料素材

● pixabay

4,100万点以上の無料素材から目的の動画と写真を使用できる。4K動画もあり、プロ並みの動画を作成したい時に役立つ。

▲ https://pixabay.com/ja/

●Pexels

ロイヤリティフリーの動画
と写真が多数用意されている。
横型動画が多いが、フィルタ
を使って縦型動画を絞り込め
るので便利。

▲ https://www.pexels.com/ja-jp/

●DOVA-SYNDROME

無料のBGM音楽素材が豊
富に用意されている。動画の
雰囲気に合わせて選ぶことが
でき、商用利用も可。一部、制
作者が利用条件を設けている
音源もある。

▲ https://dova-s.jp/

●効果音ラボ

「シャキーン」「オウ！」「ジャ
ン！」などのよく使われる効
果音を無料でダウンロードで
きる。

▲ https://soundeffect-lab.info/

グラフィックデザインツール

● Adobe Express

アドビならではの高品質素材を使って簡単な動画を作成できる。フォントの種類が豊富なのでテキスト動画におすすめ。Adobe Fireflyによる AI画像生成機能もある。

▲ https://www.adobe.com/jp/express/

● Canva

豊富なテンプレートや素材を無料で使える人気のグラフィックデザインツール。手早くおしゃれな動画を作成したいときに便利。AI画像生成機能もあり、日本人好みの画像に近づける。

▲ https://www.canva.com/

AI動画生成ツール

● Runway

テキストや画像を元に、AIで動画を生成してくれる。英語で入力すると完成度が高い。スマホの「RunwayML」アプリもある。

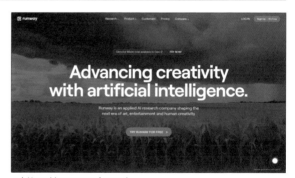

▲ https://runwayml.com/

音声変換ツール

● CoeFont

入力した文章をアナウンサーや著名人の声に変換してくれる。有料版にすると5000種以上の声から選べる。リアルタイムで音声変換をしてくれるボイスチェンジャーベータ版も注目。

▲ https://coefont.cloud/

● バ美声

地声を自由に変えられるボイスチェンジャー。男性の声から女性の声に変換する「バ美声」と、男性の声から女性の声に変換する「バ美声FtoM」がある。製品版は商用利用可。

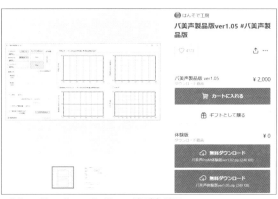

▲ https://booth.pm/ja/items/3432497

3Dアバター制作

● VRoid Studio

自分好みの3Dアバターを作成できる。VRM形式で出力し、Webカメラとモーションキャプチャソフトで動かすか、手首と足首にセンサーを装着する『mocopi』(https://www.sony.jp/mocopi/) などで動かす。

▲ https://vroid.com/studio

テロップを効果的に見せるコツ

TikTokは動画なので、文字は要らないと思う人もいるかもしれませんが、テロップを入れると盛り上がりますし、静かに視聴したい人にも見てもらえます。特に、トーク系の動画にはテロップが欠かせません。そこで、効果的なテロップの入れ方について簡単に説明します。

フォントの色

　文字の色を選ぶ際は、明暗差を意識してください。明るい色と暗い色を組み合わせることがポイントです。当然ですが、白っぽい背景に白の文字を入れると読みづらく、それではテロップを入れる意味がありません。白の背景の場合は、黒や青、赤の文字にするとはっきり見せることができます。しかし、どこか物足りなく感じると思います。そこで、白の文字の周囲に赤や青などのエッジ（縁どり）を付けることで、文字が引き締まり、見栄えがよくなります。動画編集アプリによっては、複数のエッジを設定することができ、さらに強調させることができます。

▲白の背景に白字は見えづらい

▲明暗がはっきりするように色を選ぶ

▲エッジを付けると見栄えがよくなる

▲赤字に白のエッジを付けて、さらに黒のエッジを付けると強調できる

　色の選び方は、気持ちやシチュエーションに合わせて色を設定する場合もあります。例えば、悲しい場面の気持ちを表現する場合は、涙をイメージさせるような水色、嬉しい気分の場面はオレンジ色を、暗い気持ちを表現する際には灰色などを設定します。

※画面はAdobe Premiere Proを使用しています。

224

細かいものが映っていたり、ごちゃごちゃしている場面では、エッジを付けても見づらい場合があります。そのようなときは、文字にベース（座布団）を設定しましょう。ただし、ベースの部分は動画が隠れてしまいます。そこで、半透明のベースにすることで、動画をうっすら見せることができます。ベースの色も、文字色との明暗差を付けるように設定します。

▲ベースの部分は動画が隠れる

▲半透明のベースにすると動画がうっすら見える

フォントの種類

　フォントの種類もいろいろありますが、読みやすさを優先して選びましょう。基本的には、「源ノ角ゴシック」や「ヒラギノ角ゴシック」などのゴシック系のフォントが使用されます。感情に合わせてフォントを選ぶ場合もあります。例えば、怒っている場面では激しいイメージのフォントを、かわいらしさを出したいときはかわいいフォントを選ぶことがあります。ただし、癖のあるフォントを多用すると煩わしく感じることがあるため、一部の箇所だけに使用することをおすすめします。

今日も元気ですね
▲よく使われる「源ノ角ゴシック」

どうなってるの？
▲かわいいイメージの「けいふぉんと」

アニメーションと効果音

　画面の左端から文字が出てくるようにしたり、笑いの場面で「w」の文字を揺らしたりなどのアニメーションを設定すると効果的です。ただし、短時間動画に情報を詰め込むため、長い動きのアニメーションは向いていません。ササッと文字が現れるように選択しましょう。また、強調したい文字と一緒に「ドドン」や「シャキーン」などの効果音（サウンドエフェクト・SE）を入れると、視聴者を飽きさせない動画になります。

用語索引

目的別索引

231

※本書は2023年10月現在の情報に基づいて執筆されたものです。
本書で紹介しているサービスの内容は、告知無く変更になる場合があります。あらかじめご了承ください。

■著者

桑名由美（くわな　ゆみ）
著書に「YouTube完全マニュアル」「最新LINE & Instagram &
Twitter & Facebook & TikTok ゼロからやさしくわかる本」「はじめ
てのメルカリ」など多数。2023年8月、合同会社ワイズベストを
設立。

■イラスト・カバーデザイン

高橋 康明

■DTP

中央制作社

TikTok完全マニュアル

発行日	2023年 11月 9日	第1版第1刷
	2024年 2月15日	第1版第2刷

著　者　桑名　由美

発行者　斉藤　和邦
発行所　株式会社　秀和システム
　　　　〒135-0016
　　　　東京都江東区東陽2-4-2　新宮ビル2F
　　　　Tel 03-6264-3105（販売）Fax 03-6264-3094
印刷所　三松堂印刷株式会社　　　　Printed in Japan

ISBN978-4-7980-7042-1 C3055